WTB

Wissenschaftliche Taschenbücher

Mathematik · Physik

Robert Rompe
Hans-Jürgen Treder

Zählen und Messen

THEORIA CUM PRAXI

Akademie-Verlag · Berlin

WTB

BAND 230

Robert Rompe
Hans-Jürgen Treder

Zählen und Messen

AKADEMIE-VERLAG · BERLIN

Reihe MATHEMATIK UND PHYSIK

Herausgeber:
Prof. Dr. phil. habil. W. Holzmüller, Leipzig
Prof. Dr. phil. habil. A. Lösche, Leipzig
Prof. Dr. phil. habil. H. Reichardt, Berlin
Prof. Dr. rer. nat. habil. H.-J. Treder, Potsdam

Verfasser:
Robert Rompe
Ordentliches Mitglied der Akademie der Wissenschaften der DDR
Hans-Jürgen Treder
Ordentliches Mitglied der Akademie der Wissenschaften der DDR

ISBN 3-05-500324-1
ISSN 0084-098X

2., unveränderte Auflage
1988
Erschienen im Akademie-Verlag Berlin, DDR-1086 Berlin, Leipziger Str. 3–4

Lizenznummer: 202 · 100/439/88
Printed in the German Democratic Republic
Gesamtherstellung: VEB Druckerei „Thomas Müntzer", Bad Langensalza
Lektor: Dipl.-Phys. Ursula Heilmann
LSV 1104
Bestellnummer: 7634107 (7230)

00800

Inhaltsverzeichnis

1. Die Physik im Rahmen der Naturwissenschaften

Die Physiker wissen, daß die außerordentliche Leistungsfähigkeit der modernen Wissenschaft, einschließlich Medizin und Technik, zum erheblichen Teil aus ihren Kontakten mit der Physik resultiert. Durch physikalische Geräte und Methoden zur Ermittlung quantifizierter Daten, durch Entwicklung exakter Begriffsbildungen nach Art der Physik – wobei jeder Begriff das Verfahren zu seiner zahlenmäßigen Erfassung impliziert –, durch den hierdurch ermöglichten Einsatz der Mathematik kommen erstaunliche Resultate im gesamten Spektrum der wissenschaftlichen Betätigung des Menschen zustande mit ungeahnten Auswirkungen auf die menschliche Gesellschaft. Daher kann und muß man von einer erhöhten Verantwortung der Physiker sprechen, nicht nur für die gesellschaftlichen Auswirkungen, sondern auch für das Fundamentale seiner Wissenschaft.

Die Überschrift dieser unserer Arbeit haben wir von H. v. Helmholtz übernommen, der einen Aufsatz unter der gleichen Bezeichnung im Würdigungsband für den Philosophen E. Zeller veröffentlicht hat.

Wir glauben, uns ganz besonders auf H. v. Helmholtz beziehen zu sollen, weil die von uns oben beschriebene stürmische Entwicklung der Aussage- und Leistungsfähigkeit der Wissenschaft ihren Beginn eigentlich mit der Arbeit von Helmholtz aus dem Jahre 1847 genommen hat, die unter dem Titel „Über die Erhaltung der Kraft“ in die Geschichte der Wissenschaft eingegangen ist. Helmholtz hat in dieser Schrift nachgewiesen, daß die Grunderkenntnisse der Physik in allen Wissenschaften dort Gültigkeit haben, wo die von der Physik geschaffenen Begriffe sinnvoll Anwendung finden und ein quantifiziertes Vorgehen ermöglichen. Er hat dadurch die Ausbildung der „exakten Wissenschaften“ entscheidend erweitert und gefördert. Bis dahin konnte man nur Astronomie und Mechanik dazu rechnen.

2. Der mathematische und der physikalische Aspekt der Wirklichkeit

Der Prozeß des Zählens ist die einfachste mathematische Operation und zugleich die elementarste und praktikabelste, auf der sich alle Mathematik aufbauen läßt.

Dem Zählen zugrunde liegt die uns durch unmittelbare, passive und aktive, Erfahrung gegebene Existenz permanenter, unterscheidbarer und markierbarer „körperlicher Objekte" und des zu ihnen gehörenden — sie definierenden — „Zwischenraumes". Diese, in der Mehrzahl, beinhalten zugleich die Geometrie mit Geraden und Ebenen als besonderen Kooperationsformen körperlicher Objekte. Auch für die Geometrie lassen sich Zahlen nutzen, allerdings unter der weitergehenden Voraussetzung der Existenz von Maßstäben und der Möglichkeit, das Zusammenfallen von Marken der Maßstäbe mit körperlichen Objekten auszumachen.

Man sieht den Unterschied zwischen mathematischer und physikalischer Darstellung: Mathematisch sind die Zahlen 2, 3 unabhängig von der Art der Gegenstände, die aber gerade für die Physik und die anderen Naturwissenschaften das Interessante und spezifisch Bedeutungsvolle ist. 2 Rinder und 2 Tage sind extrem verschieden, mathematisch aber ist $2 = 2$.

Die durch die Mathematik erfaßte Wirklichkeit ist natürlich „objektiv" real in dem vernünftigen Sinne, daß wir das Resultat willkürlich gestalten können durch Hinzunehmen oder Weglassen, und jeder „normale" Mensch kommt hierbei zum gleichen Ergebnis.

Die Seite der Wirklichkeit, die die Mathematik erfaßt, ist äußerst bedeutungsvoll für das Zusammenleben der Menschen. Offenbar hat die Mathematik begonnen mit der Ermittlung des Besitzstandes von Herden (Pecunia) und der Verteilung von Erträgen. Das Verfahren der „Eins-zu-eins-Paarung", das hierbei praktiziert wird, ist interessanterweise auch das der Mengentheorie bei der Ermittlung der Gleichheit von Kardinalzahlen. Damit steht es innerhalb der Grundlagen der Mathematik.

Diese gesellschaftlich wirksame Funktion der Mathematik hat sich in unseren Tagen bei der Konzipierung, Vorbereitung und Durchführung wissenschaftlicher und technischer Vorhaben größten Ausmaßes bestätigt und deren Realisierung teilweise erst ermöglicht durch Entwicklung mathematischer Modelle. Sie ist in mancher Hinsicht dem physikalischen (wie auch sonst fachspezifischen) Verständnis vorausgeeilt. Sie ist dennoch nicht gleichbedeutend mit der Erfassung der Wirklichkeit im Sinne der Physik und anderer Grunddisziplinen. Das Ptolemäische Modell führte bei all seiner Leistungsfähigkeit nicht zu der Erkenntnis der allgemeinen Gravitation. Dazu brauchte es den Apfel NEWTONS! Man kann von der Mathematik grundsätzlich keine außermathematischen Aussagen erwarten. Genausowenig wie zwischen 2 Eseln und 2 Steinen außermathematische Beziehungen existieren, genausowenig gilt das für Vorgänge, die durch Kontinuitätsgleichung, Wellengleichung und SCHRÖDINGER-Gleichung mathematisch zutreffend erfaßt werden. Die Vorgänge können durchaus nicht mehr miteinander zu tun haben als Esel und Steine.

Immerhin ist die Übereinstimmung in der mathematischen Darstellbarkeit auch eine sehr wertvolle Aussage, vor allem im Hinblick auf ökonomische Handhabbarkeit, wo quantifizierte Angaben vorrangig von Wert sind und nicht subtiles Erfassen von Qualitäten. Vom Standpunkt einer buchhalterischen Erfassung sind fachspezifische Unterschiede häufig nicht interessant.

Es ist auch eine durchaus zuzulassende Frage, ob wir mehr verlangen können und wo. Sie läßt sich nicht allgemein beantworten, sondern nur unter Beachtung des Umfanges von Kenntnissen, die wir beschaffen können. Diese hängen wiederum von unseren Meßgeräten ab und von der Leistungsfähigkeit der diesen zugrunde liegenden Theorien und deren mathematisch-theoretischer Verarbeitung.

Man kann hier erkennen, wo der Grund für die von A. EINSTEIN gesehene „Begriffsstutzigkeit" liegt: Eine gut funktionierende „mathematisch-theoretische Technologie" schafft eine geistige Barriere für weiteres Vordringen, und je besser sie funktioniert, desto höher ist dieser Potentialwall, desto mehr Aufwand gehört apparativ, mathematisch-theoretisch dazu, sie zu überwinden.[1]) Was allerdings unerläßlich ist.

Es dürfte klar sein, daß eine Anhäufung von Daten und ihre mathematische Verarbeitung allein nicht weiterführen. Es muß eine neuartige Aussage über die Wirklichkeit gewonnen werden, und das geht nicht „am grünen Tisch" allein, sondern indem man auf Grund theoretischer Vorstellung Experimente entwirft und aus-

---

[1]) Die Analogie zum Innovationsproblem in der materiellen Produktion liegt auf der Hand: Nichts ist innovationsfeindlicher als eine gut funktionierende Technologie, die einen hohen ökonomischen Effekt sichert.

führt, die durch ihre Erlebnisnähe intuitiv zur Erweiterung des Begriffsinventars führen, den erforderlichen Denkanstoß liefern.

Was hier über das Verhältnis von mathematischer Darstellung und physikalischem Verständnis gesagt wurde, läßt sich an der Geschichte der physikalischen Begriffe, wie etwa bei Hund dargestellt, nachweisen. Das, was wir hier ausgeführt haben, gilt im Kompetenzbereich der klassischen Physik und im Bereich der „makroskopischen Objekte".

Max Planck hat aber vor ca. 80 Jahren darauf hingewiesen, daß die Existenz von Elementarkonstanten, vor allem solchen, die „von nichts abhängen", wie h und c, eine gänzlich neuartige Situation für das Verhältnis der mathematischen Darstellung und der physikalischen Aussagen geschaffen hat. Die Elementarkonstanten legen gewisse physikalisch ausschlaggebende Größen von vornherein fest, unabhängig von Einzelheiten des „physikalischen Modells", z. B. Energie, Impuls, Drehimpuls, Frequenz. So kommt die Ionisationsenergie des Wasserstoffatoms bereits im Bohrschen Atommodell heraus, aber ebenso in der Heisenbergschen Matrizenmechanik und der Schrödingerschen Wellenmechanik. E. Schrödinger hat die mathematische Äquivalenz seiner Theorie und der von W. Heisenberg aufgezeigt.

Heißt das nicht, daß durch die Existenz der Elementarkonstanten Einzelheiten und Unterschiede der (mathematischen) Modelle als physikalisch nicht relevant anzusehen sind? Hier bewirkt offenbar die Existenz von Elementarkonstanten eine Ununterscheidbarkeit von physikalischen Vorstellungen, die im makroskopischen Objekt als wohlunterscheidbar anzusehen sind.[1])

Man sieht, daß entsprechend Plancks Meinung die Feststellung der Existenz der Elementarkonstanten tatsächlich eine neue Situation im Verhältnis von Mathematik zu Physik anbahnt und daß der mathematischen Formulierung im Bereich der ununterscheidbaren Objekte und Modelle eine wesentlich größere Aussagepotenz zuzuschreiben ist als im Bereich der wohlunterscheid-

---

[1]) Im Bereich der Physik der makroskopischen Dinge gibt es immer Einzelheiten, die außerhalb der Theorie bleiben; diese bedingen die Unterscheidbarkeit und Markierbarkeit der Objekte. Im Bereich der Elementarkonstanten gibt es das nicht. Alle Objekte sind völlig gleich (sofern ihre Umgebung gleich ist). Diese Situation ist offenbar keineswegs an die Nichtkommutativität der die Mechanik bestimmenden Größen geknüpft. Sie gilt z. B. auch für Plasmonen und ähnliche aus Elementarkonstanten aufgebaute Größen, in denen die Konstante h nicht vorkommt, wie etwa auch im klassischen Elektronenradius.

baren makroskopischen Dinge, wo man Inhaltliches und Tautologisches trennen kann. Um so weniger ist es überflüssig, immer wieder in allgemeinverständlicher Sprache über die Dinge zu sprechen, da es keineswegs nur auf die Perfektionierung des Erreichten, sondern auf die Prüfung der Tragfähigkeit und die Weiterführung ankommt. Natürlich bedenken wir, daß das nicht so einfach ist. ERIK BELL schreibt: „Jeder Roman — auch der mittelmäßigste — ist leichter zu verstehen als eine noch so geschickt abgefaßte Erklärung eines wissenschaftlichen Zusammenhangs."[1])

Wenn G. HERTZ gesagt hat, „die Mathematik macht die Physik verständlicher" (nachdem er die Vorlesung von M. PLANCK gehört hatte), so ist damit wohl gemeint, daß die Beherrschung der Sprache der Mathematik das ermüdende und die Konzentration beeinträchtigende wiederholte Nachdenken über Einzelheiten einspart und es durch Abspielen eines Algorithmus ersetzt. Natürlich muß der Schritt in Neuland doch wieder in unserer Alltagssprache der Wissenschaft ausgedrückt werden, in der wir über die Befunde unserer Messungen und Experimente sprechen. Bahnbrechende Erweiterungen unseres Begriffsinventars sind bisher nicht allein durch Mathematik zustande gekommen.[2]) Unsere verbale Darstellung und die Mathematik haben beide gemeinsam, daß sie neben der präzisen Abbildung der Wirklichkeit, die sie anstreben, „Säume" oder „Halos" besitzen, in denen sie nicht übereinstimmen. Bei der verbalen Darstellung ergeben sich diese aus der (durchaus zweckmäßigen und produktiven) Unschärfe der Begriffe und ihren Assoziationen. (N. BOHR soll über verbalen Ausdruck gesagt haben: Wahrheit und Klarheit sind komplementär.) In der mathematischen Darstellung resultieren sie aus der Reichhaltigkeit der mathematisch möglichen Verknüpfung. In beiden Fällen ist ein Suchen innerhalb dieser „Säume" interessant. Die Schriften von M. PLANCK, A. EINSTEIN, N. BOHR, W. HEISENBERG zeigen das für den verbalen Teil. In der modernen Physik der Elementarteilchen wird vornehmlich im mathematischen Teil geforscht, und das führt zu erstaunlichen Teilresultaten, die naturgemäß verbal schwer oder gar nicht darstellbar sind.

Es ist aber interessant, daß nicht nur die fundamentalen Erkenntnisse der Physik häufig „auf der Hand liegen" — wenn man nicht „begriffsstutzig" ist —, wie etwa die Existenz des konstanten h

---

[1]) E. BELL: Men of mathematics. N.Y. 1937.

[2]) DIRAC ist auf die q-Zahlen erst nach dem Vortrag von HEISENBERG in KAPIZAS Kolloquium gekommen.

aus der Existenz der Strahlungsverteilung folgt (W. WIEN, M. PLANCK) oder die der Lichtquanten aus der Sichtbarkeit entfernter Sterne (M. PLANCK). Auch im Bereich der mathematischen Darstellung sind sehr wesentliche Ergebnisse mit relativ einfachem Aufwand zu gewinnen, etwa die objektive Existenz stochastischer Ereignisse in der Natur aus der Zufallskurve radioaktiver Substanzen (M. PLANCK, H. POINCARE, A. EINSTEIN) oder die Existenz der Antimaterie. Dabei ist sicher nützlich zu beachten, daß z. B. das abklingende Leuchten eines Kanalstrahles die Interpretation durch eine abklingende Schwingung mit einer Dämpfungskonstanten von $10^8\,s^{-1}$ nahelegt, während die Interpretation als radioaktive Zerfallskurve mit der Zerfallskonstanten $10^8\,s^{-1}$ keineswegs zwangsläufig erfolgt. Der mathematische Ausdruck ist beide Male derselbe, die Interpretation beinhaltet verschiedene Qualitäten.

Im Makroskopischen wären diese beiden Darstellungen der Abläufe von grundsätzlich gegensätzlicher Art. Im Mikroskopischen sind sie ununterscheidbar. Inhaltlich sind sie komplementär zueinander. Diese Beziehung zwischen den beiden Interpretationsmöglichkeiten erstreckt sich auch auf weitere Einzelheiten. Der Befund einer Gegensätzlichkeit ergibt sich aus den Angaben unserer Meßgeräte, wenn man ihn verbal mit dem Begriffsinventar der klassischen Physik ausdrückt. Die Ununterscheidbarkeit kommt heraus durch die sich daran anschließende theoretische Interpretation mittels der DIRACschen Theorie, wie sie 1930 V. WEISSKOPF und T. WIGNER vorgenommen haben.

In dem Raum, in dem die DIRACsche Theorie arbeitet, gibt es keinen Unterschied zwischen den beiden Vorstellungen; in Einzelfällen treten, je nach den Nebenbedingungen, die beiden Seiten des Phänomens verschieden stark in Erscheinung.[1]) In direkter Form ergab sich das bei A. EINSTEIN 1917: Die von M. PLANCK hervorgehobene makroskopische Reversibilität der quantenhaften Elementarakte spielt sich in einem abstrakten Raum (mit Vertauschungsrelationen) ab und setzt die Existenz „stochastischer“ („radioaktiver“) Übergänge in der Raum-Zeit der Meßapparate voraus.

---

[1]) Es sei hier auf die Darstellung bei HEITLER, Strahlungstheorie, verwiesen.

3. Meßgeräte und Mathematik

In der Physik weiß man, daß Meßgeräte und Mathematik nicht automatisch den Fundus gesicherter Erkenntnisse bereichern, sondern nur insoweit sie die Theorie der Vorgänge zu entwickeln ermöglichen, die uns in der Natur, aber auch in den durch menschliche Tätigkeit entstehenden Dingen begegnen, die ihrerseits wieder Gegenstand von Messung und mathematischer Bearbeitung sind.

Messen und Rechnen sind in der Physik niemals Selbstzweck, sondern das entscheidende Mittel, unsere Erkenntnisse ständig systematisch auf neue Seiten der Wirklichkeit auszudehnen, auch auf solchen Gebieten, wo von Hause aus die Mitwirkung der Physik nicht auf der Hand liegt. Daß hierbei genügend Raum bleibt für die spezifischen Begriffsbildungen der Spezialdisziplinen, ist bereits durch die zitierte Arbeit von H. v. Helmholtz klargestellt: Die rigorose Gültigkeit der Physik in der Physiologie läßt die Autonomie der Physiologie natürlich voll bestehen! Die Persistenz der Gesetze der Physik bedeutet keinen Physikalismus im Sinne der Reduktion der Naturgesetzlichkeiten auf physikalische Begriffsbildungen, sondern vielmehr die Aussage, daß alles, was legitim mit den Begriffen der Physik beschreibbar ist, auch den Gesetzen der Physik gehorcht.

Unsere Ausführungen sollen das Verständnis für die Bedeutung von Messen und Mathematik erweitern, insbesondere dort, wo heute noch die Theorienbildung im Entstehen begriffen ist. Sie sollen helfen, den Blick für ein adäquates Verhältnis von inhaltlicher Klärung und mathematischer Weiterverarbeitung zu schärfen. Das ist deshalb zweckmäßig, weil der exakte Teil der Wissenschaft durch die mathematische Verarbeitung den Vorteil einer weitgehend unmißverständlichen Weitergebbarkeit erwirbt, die eine kommentarlose Übermittelbarkeit sichert und damit eine weltweite Ausbreitung und Nutzung der Ergebnisse der Wissenschaft ermöglicht.

Auf der anderen Seite darf man nicht verkennen, daß der Einsatz der modernen automatisierten Meßmittel und der Rechentechnik die Tendenz in sich hat, sich zu verselbständigen und so zu einer Belastung des wissenschaftlichen Fundus mit mathematisch-logisch richtigen, aber mehr oder weniger nicht benötigten Ergebnissen führt.[1]) Es muß auch erwähnt werden, daß auf der Basis

---

[1]) Es wird eingeschätzt, daß die Dissertation von N. Bohr etwa 80% der damals vorhandenen spektroskopischen Literatur überflüssig ge-

der ungeheuer leistungsfähigen Meß-, Versuchs- und Bearbeitungstechnik Tendenzen in die Wissenschaft kommen, die den formalen Erfolg an die Stelle der inhaltlichen Klärung setzen. Dies ist auch die Erfahrung der Physik![1])

Wir glauben, daß es heutzutage, da die modernen experimentellen und mathematischen Forschungsmethoden so leistungsfähig sind, daß man jederzeit neue, aber nicht unbedingt leicht einordenbare Resultate erzielen kann, gut wäre, sich auf die Grundlagen von „Zählen und Messen" zu besinnen, so wie sie H. v. HELMHOLTZ und nach ihm F. KLEIN, H. HERTZ, M. PLANCK, A. EINSTEIN, N. BOHR, D. HILBERT, H. WEYL vertreten haben.

4. Messung und Theorie

Wenn wir uns darüber einig sind, daß Mathematik und Meßgeräte die Basis für die Entwicklung der Einheit der exakten Wissenschaften sind, muß man sie mit Verständnis handhaben. Die Mathematik kann zunächst das verarbeiten, was die Meßgeräte ihr mitteilen. Die Theorienbildung, die sich daran anschließt, kann uns aber Bilder der Wirklichkeit liefern, die mehr aussagen als die Bruchstücke, aus denen wir sie aufgebaut haben. Es ist keineswegs so, daß unsere Erkenntnis auf die Kommentierung der Resultate unserer Meßanlagen begrenzt ist. Denn letzten Endes sagen diese nur so viel aus, wie wir in sie hineinprogrammiert haben; sie geben Antworten auf unsere Fragen. Es ist schon so, daß man, um sinnvoll zu messen, eine konkrete Vorstellung davon haben muß, wozu man mißt. Wenn wir die Länge eines Balkens messen, so haben wir den Entwurf für ein Haus im Kopf. Die Länge des Balkens hat einen Sinn im Zusammenhang mit einem Bauwerk. An und für sich bedeutet uns diese Angabe nichts.

Man sieht, daß die Meßmethoden und ihre mathematische Bearbeitung um so leistungsfähiger werden, je zutreffender das theo-

---

macht hat. Andererseits scheint aber das Lieblingszitat von N. BOHR doch zu gelten: „Aus der Fülle kommt die Klarheit ..."

[1]) Der Zyklus des Wachsens der Publikationen wiederholt sich immer wieder: Ein ursprünglich handliches schmales Lehrbuch (oder auch ein Taschen-Handbuch) wächst von Auflage zu Auflage zu einem voluminösen Kompendium an. Aber irgendwann einmal tritt an die Stelle dieser vielen dicken Bände wieder eine dünne Monographie, die inhaltsreicher ist als jene!

retische Bild des Vorgangs von uns entwickelt wurde. Keineswegs ist es so, daß die bloße Anwendung physikalischer Geräte und die mathematische Bearbeitung der von ihnen gelieferten Daten schon Physik ist. Davor muß man sich hüten, denn so verlockend der Einsatz der modernen experimentellen und mathematischen Hilfsmittel mit ihrer Elektronik ist, so ist doch der gesellschaftliche Aufwand, der dafür getätigt werden muß, beachtlich, und die Enttäuschung, für diesen Aufwand keinen Gegenwert zu erhalten, stellt sich leicht ein.[1])

Natürlich gilt das auch für die Physik selbst. Auch in der Physik sollte man sich vor Entwicklungen hüten, in denen das Messen und das Rechnen den Charakter eines Selbstzwecks annehmen. Leider ist es so, daß wir bei einfachen Messungen und ihrer mathematischen Bearbeitung sehr wohl zwischen inhaltlichen und formal-tautologischen Teilen zu unterscheiden imstande sind, daß aber irgendwie durch den größeren intellektuellen — und materiellen — Aufwand bei komplizierteren Meß- und Bearbeitungsanlagen diese Unterscheidung verwischt wird. Man sollte aber immer daran denken, daß auch die theoretisch schönste und mathematisch anspruchsvollste Erweiterung einer Interpolationsformel noch nicht den Zugang zu der entscheidenden neuen Qualität physikalischer Erkenntnis liefert.

Noch eine andere Erfahrung der Physik sollte überall dort, wo physikalische Meßmethoden Eingang finden, beachtet werden: Jede Messung stellt durch ihre Verbindung mit der hinter ihr stehenden Theorie eine gewisse vereinfachende Auslese aus der Fülle des gesamten Geschehens dar. In bezug auf das Anliegen der Theorie kann die Vereinfachung eine Vertiefung darstellen, ein Absehen von weniger Wesentlichem, eine bessere Annäherung an die Wirklichkeit. Aber das ist keineswegs immer der Fall. Diese Kunst des „Auswählens und Fortlassens", die für die bedeutendsten Schritte der Erkenntnis und das Zustandekommen bahnbrechender neuer Begriffsbildungen kennzeichnend ist, befriedigt aber oft den Anwender in der Praxis nicht, der an einer möglichst ins Detail gehenden quantitativen Beherrschung eines Problems unter „echten" Bedingungen interessiert ist. Hier liefert tatsächlich häufig die auf ein leistungsfähiges, in Übereinstimmung mit den Grundgesetzen der Physik stehendes Modell gestützte mathematische Formel mehr.

[1]) Aber es ist immerhin besser, für abwegige Forschungsprojekte — z. B. „Ozma" — Geld auszugeben als für die Rüstung.

Von diesem Vorgehen profitieren viele Verfahren, durch die die Mathematik in der Technik und auch in den Naturwissenschaften einschließlich der Medizin wirksam wird. Auch in der klassischen Physik, wo die in ihren Gleichungen vorkommenden „Materialkonstanten" noch nicht auf tieferliegende Vorstellungen und Gesetzmäßigkeiten zurückgeführt werden konnten, wurde ein Fundus derartiger physikalischer Gesetze ausgearbeitet, die sich in der Praxis bestens bewähren. Der Nachteil dieser modellmäßig abgesicherten Gesetze ist offenbar ihre Unfähigkeit, ihre eigenen Grenzen deutlich zu machen und zu überschreiten.

Die Entwicklung der Mathematik hat die Kunst des Modellierens sehr weit gebracht, wovon vor allem die Militärtechnik profitiert und staunenswerte Dinge gestaltet hat, man denke nur an die Raketen und ihre Leistungen. Andererseits verdient es doch beachtet zu werden, daß aus allen diesen Unternehmen keine Impulse bekannt geworden sind, die theoretischen Grundlagen der Physik zu erweitern.

5. Rückwirkung der Messung

Die Entwicklung der Quantenphysik hat das Problem der Beeinflussung des Ablaufes eines Vorganges durch die Messung sehr stark betont — viele Physiker, wie A. Einstein und W. Fock, meinten, zu stark.[1]) Zweifellos gibt es Fälle, vor allem die, an denen sich die Heisenbergsche Unbestimmtheitsrelation demonstrieren läßt, wo das angebracht ist. Aber die gesamte Situation unseres Weges zu wachsender Erkenntnis in der Physik ist dadurch nicht voll gekennzeichnet. Das Spektrum eines entfernten Sterns vermittelt uns wertvolle Informationen über seine chemische Zusammensetzung und seinen Bewegungszustand, auch über Druck und Temperatur an seiner Oberfläche, aber unsere Messung dieser Größen affiziert den Ablauf des Geschehens in der Sternatmosphäre natürlich gar nicht. Und so ist es auch mit den meisten spektroskopischen Informationen aus irdischen Lichtquellen, auf denen fast unser gesamtes Wissen der Quantenvorgänge aufgebaut

---

[1]) W. Fock: „... So spricht z. B. Bohr öfters von einer ‚nichtkontrollierbaren Wechselwirkung', obwohl jede Wechselwirkung, als ein physikalischer Prozeß betrachtet, immer kontrollierbar ist. Die angebliche Nichtkontrollierbarkeit hat immer nur den Zweck, eine logische Lücke zu decken; sie taucht nur dann auf, wenn man versucht, klassische Begriffe außerhalb deren Gültigkeitsbereich anzuwenden ..." Max-Planck-Festschrift, 1958, S. 181.

ist. Die Komplikationen mit der Beeinflussung durch die Messung sind nicht vorhanden, wenn man sich auf das beschränkt, was W. HEISENBERG in seiner denkwürdigen ersten Arbeit geschrieben hat, nämlich Beschränkung auf das, „was spektroskopisch beobachtet wird". Sie treten erst dann ein, wenn wir verlangen, daß das, was wir beobachten, in das Schema eines mechanisch darstellbaren Ablaufs gepreßt wird (Prokrustie von SCHRÖDINGER!). Das ist unvermeidlich, wenn es sich um Streuexperimente handelt. Hier war die RUTHERFORD-Streuung von Alphateilchen an Kernen ein glücklicher Treffer, da sie sich klassisch-mechanisch behandeln ließ. Überall dort, wo die Erweiterung unserer Kenntnisse auf Streuexperimente angewiesen ist, und das sind die Gebiete hoch- und höchstenergetischer Wechselwirkung, sind wir in der Kategorie der Ereignisse, bei denen das Meßmittel den Ablauf des Geschehens beeinflußt.[1])

Aber man sollte daran denken, daß die Präzision, mit der der exponentielle Abfall eines radioaktiven Zerfalls ermittelt wird, selbstverständlich erhalten bleibt, wenn man die Zählung unterbricht, ab- und wieder einschaltet. Das Zerfallsgesetz ist immer dasselbe und ist genauso objektivierbar wie $2 + 2 = 4$, ohne daß die Messung irgendwelchen Einfluß auf das Geschehen hat, genausowenig wie das Erkennen, ob es sich um 2 oder um 3 Dinge handelt. Das sind Feststellungen, die alle den gleichen unmittelbaren Grad der Evidenz besitzen.[2])

Das gleiche wie für den radioaktiven Zerfall gilt auch für die stationären Zustände, zu denen auch die „verlustfreien" Grundzustände der Atome gehören, und die Regeln für ihre Übergänge. Sie funktionieren reproduzierbar, ob die spektroskopische Lichtquelle permanent brennt oder ein- und ausgeschaltet wird. Der

---

[1]) Das Wort Beobachten impliziert natürlich, daß das, was beobachtet wird, sich vom Hintergrund abhebt. Hierfür gelten aber Beziehungen, wie sie in der Nachrichtentechnik und der Meßtechnik als NYQUIST-Gleichung bekannt sind, die das „Signal" auf die Strahlung im thermischen Gleichgewicht beziehen, wobei für $h\nu \gg kT$ die RAYLEIGH-JEANSsche und für beliebige Werte von $h\nu/kT$ die PLANCKsche Verteilung gilt. Bei Streuexperimenten wird von vornherein künstlich ein günstiges Signal-Rausch-Verhältnis hergestellt, da das gestreute Teilchen definierter Energie und Richtung eine sehr hohe Quasitemperatur besitzt.

[2]) Daß die Radioaktivität weder von Druck noch von Temperatur abhängt, genau wie die Elementarkonstanten h und c, hat seinerzeit bereits das Staunen der Physiker hervorgerufen.

Versuch selbst hat auf den Ablauf der Vorgänge der spektralen Emission keinen Einfluß. Diese interessanten Fälle haben etwas gemeinsam: daß das Geschehen sich selbst signalisiert. Die Geschehnisse sind „selbstleuchtend" und heben sich damit ohne besondere Energiezufuhr vom Hintergrund ab. Es sind alles angeregte Zustände, die nicht im Gleichgewicht mit dem Hintergrund stehen, und es geht immer um die stochastische „spontane Emission", auf deren Verwandtschaft mit dem radioaktiven Zerfall vor A. EINSTEIN schon M. PLANCK und H. POINCARÉ hingewiesen hatten, und nicht um die überwiegend „erzwungene Emission" des thermischen Gleichgewichts. Wir haben bei diesen Fällen den glücklichen Umstand, daß in dem objektiven Nebeneinander von determinierten und stochastischen Prozessen die stochastischen der spontanen Emission überwiegen. Das gibt uns die Möglichkeit, Aufschlüsse über das Geschehen einzuholen.

Man hat häufig das Nebeneinander der determinierten und der stochastischen Vorgänge durch zwei typische Gesetze

$$m\ddot{x} = a, \tag{1}$$

$$N = N_0\, e^{-\gamma t}, \tag{2}$$

gekennzeichnet, wobei a = Kraft, γ = Zerfallskonstante.

Das Zerfallsgesetz (2) kann aus dem deterministischen NEWTONschen Axiom (1) nicht abgeleitet werden; es kann nur als Analogie einer gedämpften Schwingung dargestellt werden. Aber (1) und (2) können aneinander angepaßt werden.

Das Problem der Rückwirkung der Messung auf den Ablauf besteht auch schon in der klassischen Physik. Wenn man die Gastemperatur in einer Esse bestimmen will, hat man die Schwierigkeit, daß das Thermometer das Gas lokal abkühlt. Man benutzt deshalb Widerstandsthermometer, die durch Stromwärme auf die gleiche Temperatur wie das Gas gebracht werden.[1]) Eine ähnliche Schwierigkeit hat man, wenn man die Temperatur eines erhitzten durchsichtigen Körpers aus der Strahlungsintensität durch Anbringen eines graustrahlenden Flecks messen will.

Man kann viele Beispiele dafür bringen, daß die Rückwirkung des Meßmittels auf das Objekt eine nicht spezifisch quantenmäßige Erscheinung ist, sondern überall in der Physik statthat, ganz besonders auch in der Sphäre der komplizierten chemischen Abläufe,

---

[1]) Näheres hierzu vgl. M. PIRANI und R. ROMPE über „Determination of the Temperature of a Gas", Vortrag Cincinnati, Ohio, 25. 4. 1936; Transact. Amer. Electrochem. Soc. **69** (1936) 417—431.

wie sie sich in den biologischen Substraten abspielen, die die Lebensvorgänge tragen. Die Komplementarität zwischen Messungen des Vorganges und dem Ablauf des Geschehens im Sinne von N. BOHR[1]) gilt hier im Bereich der klassischen Physik. Die in der Quantenphysik zutagegetretenen Komplementaritätsbeziehungen sind zweifellos mit dem Meßprozeß im Zusammenhang, reichen aber weiter als die bloße Beeinflussung durch das Meßmittel. Dies ist besonders klar verständlich bei der von N. BOHR aufgewiesenen Komplementarität der durch die Meßgeräte für Temperatur und Druck ermittelten Mittelwertsgrößen in einem Gas und den Bestimmungsstücken der Bewegungen der einzelnen Atome in einem 6-N-dimensionalen Koordinaten-Impuls-Raum[2]): Das Meßgerät gibt hier von vornherein Mittelwerte, es ist von uns so ausgewählt und konstruiert, daß es nur das macht.

Das Meßgerät funktioniert im Rahmen der Gesetze der klassischen Physik. In deren Sprache, d. h. der durch gesicherte physikalische Begriffe der klassischen Physik erweiterten Alltagssprache, können wir den Aufbau der Messung und die Ergebnisse weitergeben. Das Geschehen, das die Messung wiedergibt, spielt sich naturgemäß in dem Gegenstandsraum ab, in dem die klassische Physik sich bewegt.

Die gesetzmäßigen Zusammenhänge spielen sich aber im allgemeinen in abstrakteren und hochdimensionierten Räumen ab,

---

[1]) „Licht und Leben“

[2]) Im Sinne dieser Erkenntnis von N. BOHR könnte man die Aussage EINSTEINS, er glaube nicht daran, daß Gott würfele, auch so auslegen: Gott in seiner Allwissenheit hat unmittelbaren Einblick in das 6-N-dimensionale Geschehen des Koordinaten-Impuls-Raumes der N-Teilchen; er ist nicht auf die Aussage unserer Mittelwertsmeßgeräte angewiesen. Es kommt hier wieder die von W. PAULI erwähnte enge Auffassung der Wirklichkeit zutage, die A. EINSTEIN offenbar bis zu seinem Ende gehabt hat. Andererseits zeigt die Bemerkung EINSTEINS, daß es sich hier tatsächlich um ein Problem handelt, bei dem unsere Vorstellung von Wirklichkeit über die NEWTON-KANTsche hinaus erweitert werden mußte. Es kann sein, daß mit der anderen Bemerkung von W. PAULI, betreffend die Unitarisierung, etwas ähnliches vorliegt: „Was Gott getrennt hat, soll der Mensch nicht zusammenfügen“. Bestimmt setzt eine erfolgreiche Unitarisierung wieder eine erhebliche Erweiterung unseres Wirklichkeitsverständnisses voraus, wobei die Richtung im Augenblick noch nicht klar zu sein scheint. Die Ansichten der Verfasser differieren bei dieser Fußnote; ihr Text stellt nicht den „Durchschnitt“, sondern die „Vereinigungsmenge“ unserer Auffassungen dar.

worauf H. HERTZ hingewiesen hat. Die Messung liefert eine Reduktion, eine vereinfachende Zusammenfassung des Geschehens. Sie stellt also einen Eingriff dar, bei dem die Grundgesetze der Mechanik, etwa die HAMILTON-JACOBIschen Differentialgleichungen, die in einem abstrakten Raum gültig sind, auf den dreidimensionalen Raum, in dem sich unsere Messungen realisieren, zurückgeschnitten werden. Bei dieser Mittelwertsbildung durch Projektion wird auf Einzelheiten automatisch verzichtet. Das ist der physikalische Mechanismus, der der sogenannten HEISENBERGschen Reduktion der Wellenfunktion bereits im Rahmen der klassischen Physik zugrunde liegt. Es ist also kein von subjektiven Momenten, wie Beobachten oder Zurkenntnisnahme, bestimmtes Geschehen, sondern der Eingriff des Meßgerätes ist objektiv vorhanden. Wobei allerdings die Messung das Nebeneinanderexistieren von gesetzmäßig verknüpften Vorgängen und stochastischen, d. h. gesetzmäßig nicht faßbaren Vorgängen, als objektiven Tatbestand der Natur nicht verwischt (oder hervorbringt).

Durch die Messungen schaffen wir die Welt, die wir verstehen, über die wir sprechen und die wir beeinflussen können. Dahinter stehen die Zusammenhänge der Wirklichkeit, die beliebig komplizierter sein können (A. EINSTEIN), mit Gesetzmäßigkeiten, die wir über Messungen und Mathematik und Theorienbildung sukzessiv erfassen. Das physikalische Meßgerät mit seinen Verknüpfungsmöglichkeiten zur Mathematik und exakten Begriffsbildung kann zwar überall zu echtem wissenschaftlichem Fortschritt führen, kann aber niemals die ganze Wirklichkeit ausschöpfen. Die Gründe hierfür liegen in der Kompliziertheit der Vorgänge, die uns nur einzelne Aspekte der Wirklichkeit mathematisch fassen läßt (Lichtbogenbrennfleck, Wasserspritzer, meteorologische Vorgänge), oder sind von grundsätzlicher Art, wie sie durch die Erkenntnisse von L. BOLTZMANN, M. PLANCK, A. EINSTEIN, N. BOHR in der Physik aufgekommen sind: das völlige Nebeneinander von streng Gesetzmäßigem und rein Stochastischem (also keiner gesetzmäßigen Deutung Zugänglichem) in der Wirklichkeit als Folge der Existenz von Elementarkonstanten, die es *wirklich* sind. M. PLANCK: „h und c hängen von *nichts* ab!“ Während doch in der klassischen Physik alles von irgend etwas abhängt!

Dabei besteht zwischen „gesetzmäßig“ und „stochastisch“ nicht eine einfache Entweder-oder-Relation, sondern eine Beziehung, die wir nach N. BOHR komplementär nennen, so wie es durch A. EINSTEIN in seiner klassischen Arbeit von 1917 zutage getreten ist: Das Gleichgewicht mit der Strahlung erstreckt sich auf die Translationsbewegungen der Atome nur, wenn wir den „radioaktiven“ Anteil der spontanen Emission einführen. Stochastischen Charakter der spontanen Emission und mikroskopische Reversibilität gibt es nur zusammen!

6. Meßgerät als Fenster

Die Meßgeräte liefern niemals eine „komplette“ gesetzmäßige Darstellung der Wirklichkeit, ebensowenig wie unsere unmittelbaren sinnlichen Wahrnehmungen. Sie liefern uns vielmehr Angaben über Ausschnitte der Wirklichkeit. In der Astronomie sind wir gewohnt, von „Fenstern“ zu sprechen. Jedes Meßgerät ist ein Fenster, durch das wir die Wirklichkeit betrachten und beeinflussen können. Verschiedene Meßmittel liefern nicht die gleiche Auskunft über das gleiche Geschehen. Erst vom Standpunkt eines ständig zu vervollkommnenden theoretischen Bildes der Vorgänge können wir entscheiden, welche Bedeutung die Information des einzelnen Meßvorganges hat. Wenn wir die Ergebnisse der Meßgeräte mathematisch bearbeiten, so sagt uns die Mathematik für die Zusammenfassung der einzelnen Eingaben zunächst auch nichts. Sie kann allerdings mathematische Verwandtschaften zwischen Vorgängen aufzeigen, die physikalisch, chemisch miteinander nicht unbedingt viel gemeinsam haben müssen. Auf der anderen Seite liefert uns aber die Mathematik aus der ihr innewohnenden logischen Verknüpfung ihrer Bestandteile Angaben, die viel mehr beinhalten, als der wirkliche Ablauf zu enthalten braucht. Manche der Konsequenzen der Mathematik finden sich in der Wirklichkeit — manchmal staunenswerte —, aber es ist nicht selbstverständlich, daß alle es tun.

Andererseits ist bei der mathematischen Beschreibung eines Vorganges zunächst offen, was als „dynamisches Gesetz“ und was als „Randbedingung“ anzusehen ist. Dieses Problem ist seit H. Hertz bekannt bei der Behandlung der nichtholonomen Bedingungen. Wenn die Randbedingungen selbst von der Zeit oder der zeitlichen Änderung (Geschwindigkeit) abhängen, ändert sich, global gesehen, die Dynamik qualitativ. Aus $\dot{x}$ wird $\ddot{x}$ bzw. $\dddot{x}$, und damit wird der Charakter der mathematisch zulässigen Lösungen ungeheuer erweitert, zum Teil in Bereiche, von denen keineswegs klar ist, ob sie mit der Wirklichkeit etwas zu tun haben.

Das ist die Schwierigkeit, vor der wir stehen, wenn wir den „durchsichtigen“ Bereich der Physik von GALILEI, NEWTON bis HERTZ verlassen.

7. Mathematische Strenge und Wirklichkeit

Das Anliegen von H. v. HELMHOLTZ war zweifellos, die exakten Wissenschaften in ihrer ganzen Front harmonisch proportional weiterzuentwickeln. Er selbst hat in seiner Person, in seinem Entwicklungsgang vom Physiologen zum theoretischen Physiker die gesamte Breite der modernen Naturwissenschaften von den Grundlagen der Geometrie bis zur Meteorologie und Geophysik umfaßt. Und seine Auslassungen über Zählen und Messen, ebenso wie seine Einführung in die theoretische Physik, sind ja so geschrieben, daß sie nicht nur Physiker, sondern alle an den exakten Wissenschaften Interessierten lesen und verstehen können. Daß diese Dinge von äußerster Produktivität sind, dafür hat F. KLEIN eine treffende Kennzeichnung geliefert. Er schrieb: Viele Fachleute der Mathematik werfen der HELMHOLTZschen Mathematik vor, daß es ihr an Strenge fehle; dafür — und gerade deshalb — ist sie bahnbrechend. Das ist die Auffassung, die mit F. KLEIN auch D. HILBERT und H. WEYL, natürlich auch die großen theoretischen Physiker, geteilt haben. Der Aufwand an mathematischer Strenge ist kein Ausweis für die Höhe der inhaltlichen Aussage über die Wirklichkeit.

Die großen Entdeckungen der Physik sind mathematisch anspruchslos formulierbar: Es gibt eine Trägheit. Es gibt nur ein Vorzeichen der Gravitation. Es gibt zwei Vorzeichen der elektrischen Ladung. Energie besitzt Trägheit. Es gibt eine Grenzgeschwindigkeit. Es gibt ein Wirkungsquantum. Es gibt nebeneinander strenge Gesetzmäßigkeit (mikroskopische Reversibilität) und stochastische, d. h. keiner weiteren Behandlung zugängliche Ereignisse. Es gibt wegen der Trägheit der Energie eine Geschwindigkeitsabhängigkeit der Masse und damit Materie und Antimaterie. Sie war für die intuitive Erfassung ausschlaggebend.

Die mathematische Bearbeitung liefert außerordentlich viel zur Konsolidierung des eroberten Terrains und ist unersetzlich für die gesamte Sphäre der Applikation, da ihre Daten unmißverständlich weitergegeben werden können und die direkte Voraussetzung für Steuerung, Regelung und Automatisierung sind. Es sind auch einige fundamentale Einsichten aufgrund mathematisch-theoretischer Untersuchungen gefunden worden, z. B. Antimaterie.[1])

Es gibt wegen der Trägheit der Energie eine Geschwindigkeitsabhängigkeit der Masse, aus der gemäß A. EINSTEIN und M. PLANCK mathematisch eine universelle Proportionalität von Masse und Energie $E = Mc^2$ resultiert. Diese Ausdehnung der Mechanik auf ultrarelativistische Bereiche führte schließlich bei A. EINSTEIN und P. DIRAC auf die Voraussage der Existenz von Materie und Antimaterie. Jede dieser Erkenntnisse wurde geboren durch die Konzeption neuer Gedankenexperimente, die schließlich zu neuen Versuchsanordnungen führten. — Zur mathematischen Behandlung dieser Frage noch einige zusätzliche Erläuterungen: Diese beruht auf der zunächst hypothetischen Anwendung eines methodischen Grundprinzips der Mathematik, der Permanenz der Rechengesetze, wie es uns auch H. v. HELMHOLTZ vorführt: Die Ausdehnung der bekannten (und in ihrer bisherigen Anwendung bewerteten) Algorithmen auf erweiterte Strukturen.

So ermöglichte die Ausdehnung der Materiewellen von DE BROGLIE bzw. der SCHRÖDINGER-Funktion vom Reellen ins Komplexe die Erfaßbarkeit geladener Partikeln in der Wellenmechanik und die Darstellung von Teilchenerzeugung und -vernichtung in der Quantenfeldtheorie. Die Erweiterung der algebraischen Darstellung der LORENTZ-Gruppe von der eindeutigen Repräsentation zur zweideutigen (unimodularen) erweiterte die algebraischen Eigenschaften der Materiefelder von den tensoriellen BOSE-Feldern (mit ganzzahligem Teilchenspin) auf die spinoriellen FERMI-Felder (mit halbzahligem Spin).

Nach der Auffassung von einem von uns (H.-J. TREDER) ist auch die von A. EINSTEIN und E. SCHRÖDINGER zunächst aus rein mathematisch-ästhetischen Gründen vorgenommene Erweiterung der RIEMANNschen Raum-Zeit-Metrik ins Komplexe, nämlich EINSTEINS „Hermitesche Relativitätstheorie" (HRT), die Vorwegnahme der Chromodynamik der Elementarteilchenphysik. — A. EINSTEIN glaubte, mit seiner HRT eine Unification von Elektro- und Gravodynamik vorzulegen; vermutlich ist aber die HRT die Unifikation der Gravitation mit einer, zu EINSTEINS Lebzeiten

---

[1]) Aber es ist keine anerkannte Theorie der Physik durch neue Erkenntnisse in der Mathematik qualitativ erweitert oder gestürzt worden. (Erst NEWTONS Begründung der Infinitesimalrechnung machte die cartesianische Analysis für die Dynamik anwendbar.)

noch unbekannten, Form der Wechselwirkung der „distanzunabhängigen“ chromodynamischen Kräfte.

Gegen A. EINSTEINS und E. CARTANS Erweiterung der ART durch die Einführung der Bezugstetraden (Anholonome Koordinaten h_i^A bzw. metrische Spinvektoren σ) als die primären Grundgrößen der Raum-Zeit, d. h. gegen den Übergang von der RIEMANNschen Geometrie der ART zur CARTAN-EINSTEINschen Theorie mit Fernparallelismus (1928—1930), wurde seinerzeit von W. PAULI und H. WEYL bemerkt, daß dies ein bloßer mathematischer Algorithmus sei, dem keine physikalische Bedeutung zukommt. Denn gemäß W. PAULI und H. WEYL sollte ein Fernparallelismus auf Grund der Relativitätstheorie der Spinor-Felder (H. WEYL, E. SCHRÖDINGER, H. T. LEVI-CIVITA, V. BERGMANN, L. INFELD, B. L. v. D. WAERDEN) physikalisch niemals nachprüfbar sein. — Aber auch diese Behauptung ist eine Frage nach möglichen Gedankenexperimenten. Es gibt Gravitationstheorien, die empirisch von der ART unterscheidbar wären (durch nach-EINSTEINsche Effekte) und deren Differenz zur ART gerade auf der Fernparallelisierung der Raum-Zeit auf Grund der gravischen Wechselwirkungen beruhen würde.[1])

W. PAULI bemerkte ferner, daß WEYLS „konform-invariante Relativitätstheorie“ eine physikalisch inhaltsvolle, aber durch EINSTEINS Gedankenexperimente widerlegte Theorie über Weltgeometrie sei. A. EINSTEIN zeigte ja 1919, also unmittelbar nach WEYLS Arbeit von 1918, daß es in WEYLS Geometrie keine scharfen Spektrallinien geben könnte und daß WEYLS konform-invariante Metrik überhaupt die Existenz von unterscheidbaren Teilchen mit diskretem Ruhmassespektrum ausschließen würde.

WEYLS Theorie würde demnach auch HELMHOLTZENS Konzeption der Erforschbarkeit der metrischen Struktur der Welt mit Hilfe der Eigenschaften starrer Körper widersprechen. Demgegenüber erklärte W. PAULI A. S. EDDINGTONS rein-affine Relativitätstheorie für inhaltsleer; sie enthielte keine Gedankenexperimente und sage nichts über Meßoperationen aus, die die rein-affinen Strukturen der Physik zugänglich machen.

---

[1]) Siehe hierzu C. MØLLER (1979), H.-J. TREDER (1971).

8. Mathematik und Physik als Grundlagen wissenschaftlichen Denkens

Wir haben kürzlich den Nachdruck einiger Schriften von H. v. HELMHOLTZ und H. HERTZ veranlaßt; eingedenk des Wortes von A. EINSTEIN, daß wir die Sorge um die Fundamente unserer Wissenschaft, gerade wegen ihrer enormen Auswirkungen in der Gesellschaft — positiven und negativen — und des großen Ansehens, das sie genießt, nicht anderen Disziplinen, auch nicht den Philosophen und den Mathematikern allein, glauben überlassen zu dürfen.

Nun sind aber in den letzten Jahrzehnten neue „Superwissenschaften" entstanden, die ihrerseits berufen zu sein glauben, die Fundamente der Wissenschaft liefern zu können. Unter zahlreichen Argumenten, die hierbei Verwendung finden, sollen nur zwei erwähnt werden:

1. Daß die Grundsätze der Logik unabhängig von allen sonstigen physikalischen und mathematischen Erfahrungen eine weitere Seite der Wirklichkeit abspiegeln, daß sie also so in der Wirklichkeit verankert sind wie etwa die Gravitation oder die zwei Vorzeichen der Elektrizität.
2. Daß das materielle System, das die Natur zur Verarbeitung der Signale der Außenwelt, aber auch der Innenwelt beim Menschen entwickelt hat und das zu einem großen Teil im Gehirn lokalisiert ist, nach ähnlichen Prinzipien aufgebaut ist wie eine Rechenmaschine und daß deshalb bei genügendem Aufwand von einer Grenze ab die Rechenmaschine ähnliche Qualitäten entwickeln würde wie ein Gehirn.[1])

Für das 1. Argument wollen wir uns auf den Standpunkt von L. BROUWER und H. WEYL stellen, daß die Logik in ihrer Evidenz aus der Evidenz der (finiten) Arithmetik kommt, und was das 2. Argument betrifft, so möchten wir die Position von H. v. HELMHOLTZ einnehmen, daß die Philosophen (und natürlich auch die Rechenmaschinen) nicht mehr liefern, als man in Worten bringen kann, während es doch im Bereich von Mathematik und Naturwissenschaften auch darum geht, das Zustandekommen der Begriffe aus der primären „präverbalen" Erfahrung zu verfolgen und zu

---

[1]) Vgl. hierzu die Darlegung von KARL POPPER und J. C. ECCLES „Das Ich und sein Gehirn", 1982.

berücksichtigen, denn das ist die wesentliche schöpferische Leistung.

Wir möchten zur Illustration hier zwei Zitate von D. Hilbert bringen, aus Hilbert, Bernays, Die Grundlagen der Mathematik, Berlin 1930:

„... in der Tat ist hier in den Disziplinen der elementaren Zahlenlehre und der Algebra der Standpunkt der direkt inhaltlichen, ohne axiomatische Annahmen sich vollziehenden Überlegungen am reinsten ausgebildet. Das Kennzeichnende für diesen methodischen Standpunkt ist, daß die Überlegungen in der Form von *Gedankenexperimenten* an Gegenständen angestellt werden, die als *konkret vorliegend* angenommen werden.

... Die ausgeführte Betrachtung der Anfangsgründe von Zahlentheorie und Algebra diente dazu, uns das direkte inhaltliche, in Gedankenexperimenten an anschaulich vorgestellten Objekten sich vollziehende und von axiomatischen Annahmen freie Schließen in seiner Anwendung und Handhabung vorzuführen. Diese Art des Schließens wollen wir, um einen kurzen Ausdruck zu haben, als das ‚finite' Schließen und ebenso auch die diesem Schließen zugrunde liegende methodische Einstellung als die ‚finite' Einstellung oder den ‚finiten' Standpunkt bezeichnen. Im gleichen Sinne wollen wir von finiten Begriffsbildungen und Behauptungen sprechen, indem wir allemal mit dem Worte ‚finit' zum Ausdruck bringen, daß die betreffende Überlegung, Behauptung oder Definition sich an die Grenzen der grundsätzlichen Vorstellbarkeit von Objekten sowie der grundsätzlichen Ausführbarkeit von Prozessen hält und sich somit im Rahmen konkreter Betrachtung vollzieht ..."

Wir glauben, daß diese Überlegungen D. Hilberts, in denen wir die Fortführung der Gedanken H. v. Helmholtzens aus „Zählen und Messen" und seine Einführung in die Vorlesungen zur theoretischen Physik sehen, auch heute noch zur Begründung nicht nur der Mathematik, sondern aller exakten Wissenschaften dienen können – und daß andere Begründungen mehr oder weniger an der Fundierung unserer Grunderkenntnisse vorbeigehen. Zählen und Messen hängen engstens miteinander zusammen, sind aber qualitativ nicht dasselbe.

9. Grenzgebiet Physik – Mathematik

Die moderne Physik hat gewisse sehr enge Verbindungen zwischen Mathematik und Physik offenbart,, bei denen es sich offenbar um die vorderste Front der Erkenntnisse handelt. Wir haben inzwischen dazugelernt, daß diese spezifische neuartige Verknüpfung von Physik und Mathematik, wie sie uns in der Quantenphysik und in der relativistischen Physik entgegentritt, durch makroskopische Erscheinungen, wie die makroskopischen Quantenphänomene, in den Bereich der unmittelbaren Erlebnisnähe gerückt werden.

Es ist aber nicht zu bezweifeln, daß, bei aller Bedeutung derartiger besonders zu kennzeichnender Geschehnisse, diese Art von Verbindung zwischen Mathematik und Physik nicht die allgemeinste ist. Um das deutlich zu machen, wollen wir uns wieder dorthin begeben, wo vor nun etwa 100 Jahren H. v. HELMHOLTZ seine denkwürdigen Überlegungen zu Zählen und Messen begonnen hat.

10. Zählen kommt vor Messen

In seinem Aufsatz „Zählen und Messen" sieht H. v. HELMHOLTZ die Operation des Zählens als den primären Schritt an, zu wissenschaftlichen Aussagen zu gelangen. Nach H. v. HELMHOLTZ sind die Operationen des Messens dann der Weg, um mit Hilfe des archimedischen Axioms zu Zahlen zu gelangen, die die physikalischen Entitäten charakterisieren.

Die Operation des Zählens von Dingen läßt sich praktizieren, sofern nach H. v. HELMHOLTZ „jedes einzelne von ihnen nicht mit dem anderen verschmolzen ist und eine eigenständige Existenz besitzt, die es während des Zählens behält". Die Bezeichnung „körperliches Objekt" von A. EINSTEIN ist dafür sehr treffend: Ein körperliches Objekt ist ein Element einer Menge.

Das Zählen setzt voraus, daß die körperlichen Objekte sich vom Hintergrund, der sie trennt und umfängt, abheben, aktiv oder passiv, d. h. in irgend welchen dem jeweiligen Sensor (Auge, Ohr, Gefühl, Geruch, Geschmack) entsprechenden physikalischen Eigenschaften unterscheiden. Die körperlichen Objekte, die als differenziert und diskret angesprochen werden, und der Hintergrund, der verschmolzen-kontinuierlich ist, sind gleichberechtigte Teile der Wirklichkeit, sie geben nur zusammen ein komplettes Bild.

Das Zählen ordnet in bekannter Weise einem Kollektiv von Dingen eine Zahl zu. Im Unterschied von der Zahlenfolge, wo jede Zahl n nur 2 nächste Nachbarn hat, $n - 1$ und $n + 1$, haben im allgemeinen die Dinge mehr als nur 2 Nachbarn. Die Zahl der nächsten Nachbarn (Koordinationszahl) ist Ausdruck für eine weitere physikalische Eigenschaft, die der räumlichen Dimension, der Ausdehnung. Die Dimensionszahl hängt mit der Zahl der nächsten Nachbarn zusammen. Bei 2 nächsten Nachbarn hat man eine eindimensionale Anordnung, bei mehr als 2 Nachbarn handelt es sich um Mehrdimensionalität, z. B. bei 6 um eine zweidimensionale Anordnung, bei 12 um eine dreidimensionale. Und das gilt unabhängig von der endlichen Größe der Objekte.

Die Eigenschaft der Abzählbarkeit nach H. v. HELMHOLTZ ist so schon eine Abbildung eines mehrdimensionalen räumlichen Verhaltens, auch ohne die Existenz anderer Maßstäbe als der der diskreten Objekte (im Sinne von B. RIEMANN).

Die Operation des Zählens liefert aber nicht nur eine Zahl zur Charakterisierung der Größe eines Kollektivs von Gegenständen und eine Aussage über ihre Ausdehnung durch die Angabe der Zahl der nächsten Nachbarn (Kardinalzahlen), sondern auch eine geordnete Zahlenreihe (Ordinalzahlen), in der sich der Prozeß des Zählens widerspiegelt. Das Primat des Zählprozesses wurde sowohl von I. KANT als auch von H. v. HELMHOLTZ vertreten. Nach KANT und HELMHOLTZ ist die Arithmetik die Wissenschaft von der Zeit.

Der Zahlbegriff ist primärer als Raum und Zeit, aber der Prozeß des Zählens selbst spielt sich in der Zeit ab: eine Zuordnung von Ereignissen (Denken einer Zahl, aussprechen) zu einer eindimensionalen Variablen, der Zeit.[1])

---

[1]) L. E. L. BROUWER schreibt dazu:

„... die mathematische Betrachtung kommt als Willensakt im Dienste des Selbsterhaltungstriebes des einzelnen Menschen in zwei Phasen zustande, die der zeitlichen Einstellung und die der kausalen Einstellung. Erstere ist nichts anderes als das intellektuelle Urphänomen der Auseinanderfallung eines Lebensmoments in zwei qualititiv verschiedene Dinge, von denen man das eine als dem anderen weichend und trotzdem als durch den Erinnerungsakt behauptet empfindet. Dabei wird gleichzeitig das gespaltene Lebensmoment vom Ich getrennt und nach einer als Anschauungswelt zu bezeichnenden Welt für sich verlegt. Die durch die zeitliche Einstellung zustande gekommene zeitliche Zweiheit oder zweigliedrige zeitliche Erscheinungsfolge läßt sich dann ihrerseits wieder als eines der Glieder einer neuen Zweiheit auffassen, womit die zeitliche Dreiheit geschaffen ist, usw. In dieser Weise entsteht mittels Selbstentfaltung des intellektuellen Urphänomens die zeitliche Erscheinungsfolge beliebiger Vielfachheit.

Nunmehr besteht die kausale Einstellung im Willensakt der „Identifizierung" verschiedener sich über Vergangenheit und Zukunft erstreckender zeitlicher Erscheinungsfolgen. Dabei entsteht ein als kausale Folge zu bezeichnendes gemeinsames Substrat dieser identifizierten Folgen. Als besonderer Fall der kausalen Einstellung tritt auf die gedankliche Bildung von Objekten, d. h. von beharrenden (einfachen oder zusammengesetzten) Dingen der Anschauungswelt, wodurch gleich-

Die Operation des Zählens führt auf natürliche Zahlen, Kardinalzahlen im Sinne von G. Cantor. Hierbei werden gleichzeitig existierende Objekte, die ein wohl definiertes gemeinsames Merkmal haben, zusammengefaßt (markierte makroskopische Körper, Schwärzungspunkte auf photographischen Platten, Linienzahlen bei Spektren, Elementarpartikeln usw.).

Voraussetzungen einer Mengenbildung ist einerseits die Unterscheidbarkeit ihrer Elemente durch (zumindest) ein Merkmal und andererseits die Existenz eines (zumindest) anderen Merkmals, das sie alle gemeinsam haben. G. W. Leibniz hat in seinem „principium individuationis" die These formuliert, daß Dinge, die sich in keinem Merkmal unterscheiden, identisch, d. h. ein und dasselbe Ding sind. I. Kant bemerkte hierzu, daß ein unterscheidendes Merkmal bereits der Ort im Raum ist, so daß kongruente Dinge als verschiedene Elemente angesehen werden müssen, wenn sie sich gleichzeitig an verschiedenen Orten befinden.

Die Operation des Zählens führt (gemäß L. Kronecker, H. v. Helmholtz, H. Poincaré, D. Hilbert) zur Operation der Addition; die Definition „eines Nachfolgers" ist gleichbedeutend mit der Addition eines Elementes zu einer vorgegebenen Menge. Entsprechend den Axiomen der Arithmetik sind die fundamentalen Operationen des Zählens und der Summenbildung jeweils die Zuführung eines Elementes zu anderen (im Sinne von G. W. Leibniz und I. Kant) davon unterscheidbaren.

Nehmen wir — entgegen Leibnizens These, aber in Übereinstimmung mit I. Kant — an, daß sich an zwei verschiedenen Orten des Raumes völlig gleiche Äpfel befinden, so können wir entsprechend Kants Interpretation des „principium individuationis" (und in völliger Übereinstimmung mit der Physik) die Summe dieser beiden Äpfel bilden und aussagen, daß 2 existieren.

Die Leibnizsche Ununterscheidbarkeit beider Äpfel ist aber in der Mikrophysik möglich und wesentlich (H. Weyl). Die Bose-

---

zeitig die Anschauungswelt selbst stabilisiert wird. Wie gesagt, sind die beiden Stufen der mathematischen Betrachtung keineswegs passive Einstellungen, sondern im Gegenteil Willensakte: Es kann jedermann die innere Erfahrung machen, daß man nach Willkür entweder sich ohne zeitliche Einstellung und ohne Trennung zwischen Ich und Anschauungswelt verträumen oder die letztere Trennung aus eigener Kraft vollziehen und in der Anschauungswelt die Kondensation von Einzeldingen hervorrufen kann. Und ebenso willkürlich ist die sich nie unumgänglich aufzwingende Gleichsetzung verschiedener zeitlicher Folgen ..."

EINSTEIN- und die FERMI-DIRAC-Statistik führen bei ununterscheidbaren Partikeln zwar auf dieselbe Gesamtzahl wie die klassische BOLTZMANN-GIBBSsche Statistik, aber zu anderen Aussagen über die Gewichte der Wahrscheinlichkeiten ihrer Zustandsverteilungen.

Betrachtet man dagegen zwei reife Äpfel, die sich durch eine Druckstelle voneinander unterscheiden, so führen Quantenstatistik und klassische Statistik auf dieselbe Probabilistik. — In jedem Falle ist die Vereinigungsmenge der beiden Äpfel „2 reife Äpfel".

Die Auflösung des Problems der Identität verschiedener Körper und ihrer Individuation durch die räumliche Lage ist das bereits von ARISTOTELES formulierte Prinzip, daß sich nicht zwei Körper zur gleichen Zeit am selben Ort befinden können. Diese Aristotelische Aussage ist eine vorweggenommene Synthese von LEIBNIZENS und KANTS Individuationsprinzipien.

Der abstrahierende Charakter der Zähloperationen zeigt sich, wenn man von vornherein unterschiedliche Merkmale der zu zählenden Objekte zuläßt: Ein reifer Apfel und ein unreifer Apfel ergeben als Vereinigungsmenge zwei Äpfel schlechthin. Haben wir einen Apfel und eine Birne, so ist die Vereinigungsmenge (die Summe) beider weder 2 Äpfel noch 2 Birnen, sondern 2 Früchte; d. h., eine Vereinigungsmenge ist nur dann bildbar, wenn man von dem Begriff „Apfel" und dem Begriff „Birne" abstrahiert und den allgemeineren Begriff „Frucht" einführt. Befinden sich in einem Raum (KANTS Interpretation des Individuationsprinzips) 1 Apfel und 1 Stuhl, so ist die Vereinigungsmenge beider „2 Körper". In diesem Falle verlangt die Zählbarkeit die Einführung des Begriffs „Körper", sonst hat die Mengenbildung keinen Sinn mehr. Schließlich kann man auch — unabhängig von Raum und Zeit — die Vereinigungsmenge eines Apfels und eines Gedankens bilden. Diese ist die Menge von „2 Elementen". Bei dieser Zähloperation wird (im Sinne von G. CANTOR und PLATON) nur noch die „unabhängige Existenz" als Definition für den Begriff „Element" gefordert und von Raum und Zeit abstrahiert. Das Endergebnis der fortschreitenden Abstraktionsstufen führt zur mengentheoretischen Definition der „Zahl" als der „Klasse aller Mengen gleicher Mächtigkeit" (B. RUSSEL). Gemäß G. CANTOR ist „Eins" die Klasse aller Mengen, die größer als die Null-Menge und kleiner als alle anderen Mengen sind, „Zwei" die Klasse der nächstmächtigen Menge usw.

KANTS, von v. HELMHOLTZ rezipierte, These der Verbindung der Operation des Zählens mit der Anschauungsform „Zeit" hebt hervor, daß auch die Zeit als Existenzform der Materie (F. Engels) principium individuationis sein kann. Die Auffassung von I. Kant und H. v. Helmholtz, daß das Zählen eine zeitliche Operation ist, geht davon aus, daß die Perzeption von „Dingen" durch einen Beobachter nur in einer zeitlichen Folge geschehen kann, bei der sich eine räumliche Anordnung der Dinge für jeden Beobachter als eine zeitliche Folge darstellt.

Der Begriff des Zählens setzt voraus, daß die Reihenfolge der Anordnung (die topologische Situation) keinen Einfluß auf das Ergebnis hat und daß bei der als „beliebig kurz" annehmbaren Dauer des Zählprozesses neue Objekte weder auftreten noch alte verschwinden.

Für die Prozedur des Messens bedarf es der Gegenstände in räumlicher Anordnung, eines Maßstabs mit zeitlich unveränderlichen Marken im Sinne des Axioms von A. Einstein über die Rolle des „starren Körpers" als Maßstab. Die räumliche Anordnung der Gegenstände und die Marken des Maßstabes dürfen sich während des Messens nicht verändern. Diese Forderung geht über die von H. v. Helmholtz aufgestellte hinaus: Während beim Zählen gefordert werden muß, daß die Gegenstände nicht miteinander verschmelzen oder verschwinden, muß beim Messen gefordert werden, daß während des Meßvorganges sich weder die Anordnung der Körper noch der Maßstab ändert.

Des weiteren sind aber auch Ereignisse zählbar (das Aufleuchten von Lichtpunkten, die Passage von Objekten durch ein Instrument usw.). Mit Hilfe eines Zählers (z. B. Geiger-Zähler) läßt sich diese zeitliche Serie in ein räumliches Ensemble verwandeln. Unter dem Einfluß von I. Kant betonte daher H. v. Helmholtz den Zusammenhang des Zählbegriffes mit der „Anschauungsform der Zeit". Dies aber ist vom Standpunkt der Mengentheorie seit G. Cantor auszuschließen. Der Zahlbegriff ist primärer als der Begriff von Raum und Zeit, und die „Zahl" selbst ist durch die Anschauung unmittelbarer gegeben als durch die verbale Formulierung der Rechengesetze. Die Evidenz der (frühen) Arithmetik liegt vor der verbalen Gegebenheit. Die Betonung des Primats des Zählens verbindet die Protophysik mit der Protomathematik im Sinne von D. Hilbert, welche die Existenz einer Menge unterscheidbarer und wiedererkennbarer Objekte voraussetzt, die zu Mengen zusammengefaßt werden können.

Nach L. Kronecker sind die „natürlichen Zahlen vom Lieben Gott". – Zumindest ist jede Zahlenangabe eine Invariante gegenüber allen kontinuierlichen Transformationen (sowohl gegenüber den Transformationen der Raum-Zeit-Welt als auch gegenüber Transformationen im HILBERT-Raum der Quantenmechanik). Eine natürliche Zahl, die durch eine einfache Zähloperation gewonnen wird, ist immer ein LORENTZ-EINSTEINscher Skalar und entspricht einem Eigenwert einer SCHRÖDINGERschen Gleichung.

Wir erinnern an M. PLANCKS klassischen Beweis der LORENTZ-Invarianz der Entropie: Gemäß L. BOLTZMANNS Atomistik ist die Entropie das Maß der Wahrscheinlichkeit, die Wahrscheinlichkeit ist kombinatorisch eine natürliche Zahl, und jede natürliche Zahl ist eine Invariante gegenüber kontinuierlichen Transformationen.

In der klassischen Physik (einschließlich L. BOLTZMANNS Atomistik) werden als Ergebnis von Zähloperationen nur natürliche Zahlen (einschließlich der Null) zugelassen. Die relativistische Quantentheorie seit P. DIRAC läßt alle ganzen Zahlen als Zählergebnis zu. (Dies hat im Grunde genommen bereits LICHTENBERGS Vorschlag vorweggenommen, positive und negative Elektrizität durch das Plus- und Minuszeichen zu charakterisieren.) Die Invarianz der Zählergebnisse bezieht sich natürlich nur auf absolute Werte, hingegen sind die Angaben, wie „Zahl pro Volumeneinheit“ bzw. „Zahl pro Zeiteinheit“ von dem raum-zeitlichen Bezugssystem abhängig.

Die Prävalenz der Operationen des Zählens vor allen anderen Meßoperationen führte auf die EINSTEINsche Frage „nach der Möglichkeit einer Algebraisierung“ und damit schließlich Arithmetisierung der Physik. Für eine positive Antwort auf diese Frage spräche L. KRONECKERS Programm der Arithmetisierung der gesamten Mathematik.

Aber hiermit wäre, wie D. HILBERT und A. EINSTEIN jeweils antworteten, der Verzicht auf das Kontinuum und damit auf die inhaltsreichsten Bestandteile von Mathematik und Physik verbunden. Die körperlichen Objekte und das, was zwischen ihnen ist, haben tatsächlich den gleichen Grad der Wirklichkeit.[1]) Eine algebraisierte Geometrie, die nicht die Beschreibung von bestimmten Eigenschaften des Kontinuums enthält, trägt keine Metrik im Sinne von B. RIEMANN, A. EINSTEIN oder H. WEYL.

Andererseits erscheint auch eine reine Feldtheorie epistemologisch problematisch. A. EINSTEIN bekannte, daß eine reine Feldtheorie nicht mehr die Existenz von Meßkörpern zuläßt und damit aber die Grundlagen sowohl für die RIEMANN-HELMHOLTZschen

---

[1]) Man darf nach A. EINSTEIN nicht auf die Existenz „scharfer Lichtkegel“ verzichten.

Raumtheorien als auch für die allgemeine Relativitätstheorie aufheben würde.

Karl Marx bemerkte in seinen „Mathematischen Manuskripten“, daß die Elemente des Kontinuums, die „Infinitesimalen“ („Differentiale“ gemäß G. W. Leibniz bzw. „Fluxionen“ gemäß I. Newton) kleiner sein sollten als jede noch so kleine endliche Zahl, aber „größer als Null“. Die „Nicht-Standard-Analysis“ betrachtet diese Infinitesimale (Differentiale verschiedener Ordnung) als aktuell unendlich kleine Größen, die nicht mehr dem Stetigkeitspostulat von Eudoxos und Archimedes genügen (nichtarchimedische Geometrie gemäß G. Veronese und D. Hilbert). Die Aporien der „mystischen Epoche“ (K. Marx) der Analysis von G. W. Leibniz und I. Newton bis zu K. Weierstrass beruhten auf der mangelnden Einsicht in die Tatsache, daß die aktual unendlich kleinen Infinitesimalen auch keine Maßstäbe, also auch keine Strecken, die als Etalons für Längenmessungen verwendbar sind, darstellen. Denn das Anlegen von Maßstäben zur Längenmessung beruht, wie u. a. H. v. Helmholtz in seiner Schrift „Einleitung in die Vorlesungen zur theoretischen Physik“ zeigt,[1]) gerade auf dem archimedischen Axiom (man denke z. B. an den Nonius).

Die Abmessung des Kontinuums bedarf somit der Existenz endlicher Körper bzw. von diskreten Punkten mit endlichen Abständen voneinander (und somit zunächst zweier unterscheidbarer diskreter Punkte). Dementsprechend gibt es nach G. Frege, H. Poincaré und H. Weyl zwei Urintuitionen die des Diskreten und die des Kontinuums. Die Verbindung des Kontinuums mit dem Abzählbaren ermöglicht gemäß H. Weyl erst die mathematische Behandelbarkeit des Kontinuums mit Hilfe der Algebra. Ausgewählte, markierte Punkte erlauben erst, sich im Kontinuum zurechtzufinden. Diese Markierungen müssen, damit sie die notwendigen relativistischen Invarianzeigenschaften besitzen, mathematisch exakte Punkte sein, unabhängig davon, ob es Meßoperationen gibt, die es erlauben, einen Ort beliebig scharf zu bestimmen.

Dementsprechend ist das von I. Kant und R. Boscovisch vor-

---

[1]) Es ergaben sich aus der Übertragung der Eigenschaften endlicher Größen, die man sich nur als potentiell „beliebig klein“ dachte, auf das aktual unendlich kleine Infinitesimale genauso Aporien, wie sie für das Transfinite, d. h. für aktual endliche Größen resultieren, wenn man diese beliebig anwachsen läßt und das potentiell Unendliche als „Transfinites“ auffaßt.

weggenommene Programm der Physik, das die Mathematiker seit B. BOLZANO und R. CAUCHY und die Physiker seit N. FARADAY tatsächlich betreiben, die Betrachtung von höchstens absehbar vielen Punkten (als mathematische Bilder der Elementarpartikeln) in dem Kontinuum ihrer Wechselbeziehungen und -wirkungen. Dies ist das Programm der Elektrodynamik von L. LORENTZ bis P. DIRAC und das von A. EINSTEIN in seiner allgemeinrelativistischen Gravitationstheorie tatsächlich realisierte Programm (s. die EINSTEIN-INFELD-HOFFMANN-Methode).

Die relativistische Quantenfeldtheorie erklärt das Kontinuum als „Vakuum" (EINSTEIN-WEYL-DIRACscher Äther) und als die überabzählbare Mannigfaltigkeit der virtuellen Zustände und virtuellen Teilchen, das abzählbare Diskretum der punktförmigen Teilchen hingegen als die Aktualisierung des Virtuellen.

Es ist eine weitere Frage, ob bereits der reine Zählprozeß zu neuen universellen Konstanten führt, nämlich zu endlichen Kardinalzahlen als Grenzzahlen, die die Anwendung weiterer arithmetischer Operationen physikalisch darüber hinaus sinnlos machen (Finitisierung der physikalischen Arithmetik). A. S. EDDINGTON hat behauptet, daß es eine solche Zahl, die Zahl der „ponderablen" Partikeln, im Kosmos gibt (größenordnungsmäßig $N_{Gr} = 10^{80}$) und daß man sie algebraisch exakt berechnen kann. „Die kosmische Zahl N nimmt in der relativistischen Quantenarithmetik den Platz der unendlichen Menge ein, und zwar analog wie die Lichtgeschwindigkeit den Platz der unendlichen Geschwindigkeit in der speziellen Relativitätstheorie einnimmt." (A. S. EDDINGTON, 1939) Die Formulierung von physikalischen und geometrischen Aussagen durch mathematische Formeln und niedergeschriebene Texte ist nicht nur eine „Linearisierung" vieldimensionaler Zusammenhänge (R. THOM), sondern auch eine Finitisierung. Auch der längste Text enthält nur endlich viele Buchstaben und Zeichen. (Es besteht aber auch hier die Möglichkeit, daß es bereits endliche Kardinalzahlen gibt, die die Länge von beherrschbaren Rechenprogrammen begrenzen.)

11. Messen, physikalische Dimensionen und Elementarkonstanten. Einige weiterführende Bemerkungen

Für die Meßoperationen ist es wesentlich, daß die räumlichen und zeitlichen Dimensionen der Meßkörper und -operationen beliebig groß oder klein sein können. Damit werden sie als von der atomistischen Struktur der Materie und von der Existenz universeller Konstanten prinzipiell unabhängig angenommen. Die von H. v. HELMHOLTZ in seiner allgemeinen Theorie der Messungen in der klassischen Physik vorausgesetzten Ähnlichkeitstransformationen sind für alle Meßkörperprozesse notwendig.[1])

H. HERTZ, N. BOHR, W. HEISENBERG, W. PAULI und P. DIRAC bemerkten aber, daß der Realitätsbegriff der Physik sehr viel umfangreicher ist als das makroskopisch unmittelbar „Erfahrbare". Denn das Wesen des Meßvorganges ist die Projektion der erweiterten Realitäten in die unmittelbar erfahrbare „Welt des Alltags", d. h. in die Erlebnissphäre des Physikers. Die von N. BOHR und W. HEISENBERG hervorgehobene Beeinflussung des zu messenden Objektes durch die Meßoperationen selbst ist gerade Ausdruck und Konsequenz dieser Projektion. Sie reduziert die große Mannigfaltigkeit des Wirklichen auf die weniger umfassende Mannigfaltigkeit des unmittelbar Erfahrbaren.

Das klassische Beispiel für einen Meßprozeß in der Quantenmechanik ist W. HEISENBERGS Reduktion der SCHRÖDINGERschen Wellenfunktion, widergespiegelt durch die von N. BOHR und L. ROSENFELD bemerkte „Entropievermehrung" bei Meßoperationen (Projektion aus dem „Konfigurationsraum"). Aber auch die Messungen von thermodynamischen Zustandsgrößen durch Thermometer, Manometer oder Kalorimeter usw. reduzieren eine Mannigfaltigkeit von Mikrozuständen auf einen Makrozustand. Die Größen „Temperatur" und „Druck" sind nur als statistische Mittelwerte über atomistische Zustände definierbar; sei es gemäß J. W. GIBBS als „Raum-Gesamtheit" oder gemäß L. BOLTZMANN als „Zeit-Gesamtheit" (Projektion aus dem „großen Phasenraum").

Die Reduktion der realen Zustände durch den Meßprozeß auf makroskopische Quantenzustände führt zu einem Verzicht auf Einzelheiten (gemäß der BOHRschen Entropievermehrung) und zum Auftreten einer neuen Qualität: Wahrscheinlichkeitsgesetze.

Wie H. v. HELMHOLTZ ausgeführt hat, ist das Ergebnis eines Meßvorganges eine Digitalisierung der Physik im Sinne der Angabe von Zahlenwerten der zu messenden Größen durch Ablesen von Marken oder Zeigerstellungen. Damit verlangt die Theorie des Meßvorganges, daß — bezogen auf die ausgeführten Meßoperationen — diese Zahlenwerte Eigenwerte der quantenmechanischen Wellengleichungen (Skalare im HILBERT-Raum) sind. Ferner müs-

[1]) Wir verweisen hierzu beispielsweise auf die Analyse der Meßprozesse in der Quantenfeldtheorie durch N. BOHR und L. ROSENFELD.

sen sie sich — bezogen auf das verwandte raumzeitliche Bezugssystem — als raumzeitliche Skalare (LORENTZ-Invarianten) auffassen lassen. Beide Forderungen zusammen bestimmen die Transformationsgesetze für die physikalisch sinnvoll zu messenden Größen. Sie bestimmen ihre Eigenschaften gegenüber den unitären Transformationen im HILBERT-Raum genauso wie ihre Transformationsgesetze gegenüber der LORETZ-POINCARÉ- bzw. EINSTEIN-Gruppe in der Raum-Zeit-Welt.

Die Transformationseigenschaften bezüglich der LORENTZ-POINCARÉ- bzw. EINSTEIN-Gruppe besagen die freie Wählbarkeit der Bezugssysteme und ermöglichen gemäß A. EINSTEINS spezieller und allgemeiner Relativitätstheorie den Vergleich der Ergebnisse von Meßoperationen in verschiedenen Bezugssystemen (verschiedene Bewegungszustände der Laboratorien) und an verschiedenen Orten und zu verschiedenen Zeitpunkten im Kosmos. Die Übertragung von irdischen Meßergebnissen „hic et nunc“ auf irgendwelche Zeiten und Orte im Kosmos erfolgt gemäß A. EINSTEINS Relativitätstheorie entsprechend den Gesetzen des FERMI-WALKER-Transportes der Bezugssysteme. Diese sind hier gemäß A. EINSTEIN durch drei Maßstäbe und eine Normaluhr realisiert. Die Eigenschaft der Invarianz gegenüber Transformationen im HILBERT-Raum ermöglicht dann den Vergleich der Ergebnisse verschiedenartiger Meßoperationen an einer und derselben physikalischen Größe.

Da die Meßgeräte entsprechend den Gesetzen der klassischen Physik arbeiten, bedarf es so vieler unabhängiger Meßmöglichkeiten (d. h. nach H. v. HELMHOLTZ: physikalischer Dimensionen), als es die NEWTONschen Prinzipien verlangen; das bedeutet die Bestimmung des Ortes einer Partikel zu einer bestimmten Zeit, wobei diese Partikel kein mathematischer Punkt, sondern ein Körper mit endlicher Masse ist. Die Bestimmung der Masse erfolgt entsprechend den NEWTONschen Prinzipien gemäß dem zweiten und dritten Axiom, also dynamisch durch eine Kraftmessung. In der analytischen Geometrie ist der Ort einer Partikel durch die Angabe von drei Koordinatenwerten bestimmt, die jeweils durch den Schnittpunkt dreier Strecken erhältlich sind.

Dementsprechend verlangt die klassische Physik nach G. GALILEI und I. NEWTON, H. v. HELMHOLTZ und H. POINCARÉ Meßvorschriften für die Bestimmung der Länge von Strecken, der Zeitdauer und der Massen bzw. Kräfte. Indem Gültigkeit des archimedischen Axioms für alle physikalischen Meßgrößen angenommen wird, ist es möglich, diese Meßoperationen auf das Abtragen von Normalmaßstäben, das Ablesen von Chronometern und die Bestimmung der Längen- bzw. Winkeländerungen einer Feder- bzw. Torsionswaage zu reduzieren. Hierbei wird die Gültigkeit des HOOKEschen Gesetzes für die Elongationen der Meßfedern angenommen. Grundsätzlich bedarf der idealisierende Physiker gemäß G. GALILEI, I. NEWTON, H. v. HELMHOLTZ und A. EINSTEIN eines Normalmaßstabes, eines Chronometers und eines (nach dem HOOKEschen Gesetz) linear deformierbaren Körpers.

Thermodynamik ist — dies betonten M. PLANCK und E. SCHRÖDINGER — ein von der Dynamik und Elektrodynamik grundsätzlich verschiedener Teil der Physik, der die Ordnung und Degradation von Kollektiven untersucht. Dementsprechend ist die Thermodynamik nicht auf die NEWTONschen Axiome und Begriffsbildungen reduzierbar. Sie verlangt eine neue Größe (z. B. die Temperatur oder die Entropie) und dementsprechend auch ein neues Meßinstrument, das Thermometer. Sie zeigt die Existenz von Wahrscheinlichkeitsgesetzen.

Die Meßgeräte sind zunächst willkürlich geeicht. Die Zuordnung der Quantitäten der physikalischen Größen, die die Digitalmarken bzw. Zeigereinstellungen enthalten, ist durch willkürliche und spezielle Instrumentalkonstanten bestimmt. Daher führt die klassische Physik nur auf relative Werte der Quantitäten.

Demgegenüber führen Relativitätstheorie, Quantentheorie und Atomistik gemäß M. PLANCK zu absoluten Meßwerten, indem diese Theorien vier universelle Naturkonstanten anführen, die absolute Eichungen erlauben. Diese vier Konstanten sind die von M. PLANCK 1899 angegebenen Elementarkonstanten, Lichtgeschwindigkeit c, I. NEWTONS Gravitationskonstante f, PLANCKsches Wirkungsquant h und L. BOLTZMANNS Konstante k, d. h. die Grundkonstanten der speziellen und der allgemeinen Relativitätstheorie, der Quantenmechanik und der statistischen Thermodynamik. Gemäß A. EINSTEINS klassischer Formulierung hat die Physik eine spezielle physikalische Größe dann verstanden, wenn es gelungen ist, eine (die aus Quanten- und Relativitätstheorie folgenden Symmetrieforderungen erfüllende) mathematische Theorie anzugeben, die den betreffenden Wert auf die vier universellen Konstanten zurückführt. A. EINSTEINS Kriterium verlangt aber weiterhin, daß in einer solchen mathematischen Relation als Parameter nur Zahlenfaktoren von der Größenordnung Eins auftreten. Dies ist bekanntlich mit den vier PLANCKschen Elementarkonstanten nicht erfüllbar, vor allem wegen des Hiatus zwischen der Gravitation und elektromagnetischen Wechselwirkungen bei den Elementarteilchen. — Somit erhebt sich P. W. BRIDGMANS Frage nach der Denkbarkeit weiterer universeller Elementarkonstanten.

Bereits H. v. HELMHOLTZ machte darauf aufmerksam, daß in der Geometrie gemäß der GRASSMANNschen Algebra Strecken, Flächen und Volumen verschiedene Transformationseigenschaften besitzen. Die Strecke ist ein polarer, die Fläche ein axialer Vektor und das Volumen ein Skalar. Daher gehen bei der Dimensionierung der Fläche als Produkt zweier Strecken und des Volumens als Produkt von Fläche mal Strecke Eigenschaften verloren, was dazu führt, daß so verschiedene Größen wie „Wirkung" und „Drehimpuls" dieselbe physikalische Dimension bekommen. Dies zeigt sich in der Quantenfeldtheorie: Die PLANCKsche Konstante h tritt hier einerseits als raumzeitlicher Skalar „Wirkungsquantum" und andererseits als axialer Vektor „Spin" auf. (Hierauf wiesen N. BOHR und W. PAULI hin.)

Die geometrischen Vorschriften, Längen durch Rektifizierung, Flächeninhalte durch Komplanierungen (Quadraturen) und Volumina durch Kubaturen zu messen, sind nicht der einzige physikalische Weg. Unabhängig von den Quadraturen lassen sich z. B. durch Streuexperimente Wirkungsquerschnitte von Partikeln ableiten, wobei diese Wirkungsquerschnitte von der Art der Wechselwirkungen abhängig sind.

Die Überlegungen führten bereits Anfang unseres Jahrhunderts (RYDBERG, GUILLAUME) zu dem Vorschlag, Längen L, Flächen F und Volumen V unabhängig den Dimensionen zuzuschreiben, also durch zwei neue universelle Konstanten α und β zu ersetzen

$$F = \alpha L^2, \qquad V = \beta L^3 = \frac{\beta}{\alpha} FL.$$

Die so definierte „Flächenkonstante des Vakuums" von W. DÄLLENBACH hebt die Eigenständigkeit der Messung von Wirkungsquerschnitten gegenüber Quadraturen hervor.

I. NEWTONS und C. A. COULOMBS Kraftgesetze haben dieselbe analytische Form (und besagen die Konstanz der Kraftflüsse). Man könnte daran denken, W. DÄLLENBACHS Flächenkonstante α so zu bestimmen, daß sie den Hiatus zwischen der Gravitation, die (nach A. EINSTEIN) mit der metrischen Struktur der Raum-Zeit identisch ist, und dem elektromagnetischen Feld, das in der gegebenen RIEMANN-EINSTEINschen Raum-Zeit existiert, überbrückt, und etwa zu schreiben

$$F_{\text{Coulomb}} = \frac{Q^2}{r^2}, \qquad F_{\text{Newton}} = \frac{Q^2}{\alpha r^2} = \frac{fm^2}{l^2}\,\frac{Q^2}{r^2}.$$

Dann wäre EDDINGTONS kosmologische Zahl

$$\alpha = \frac{l^2}{fm^2} \approx 10^{40}.$$

Die Reduzierung der elektrodynamischen Maßsysteme auf die Bestimmung der elektrostatischen bzw. elektromagnetischen Kräfte gemäß den NEWTONschen Axiomen definiert das absolute elektrostatische bzw. elektromagnetische Maßsystem entsprechend C. F. GAUSS und W. WEBER. Dieses fußt zunächst auf den Fernwirkungstheorien des Elektromagnetismus. – M. FARADAYS Feldbegriff war mit der Unterscheidung zwischen „Feldstärke" und „Induktion" bzw. „Erregung" bereits im Vakuum verbunden und führte dementsprechend zu zwei neuen universellen Konstanten, der „Dielektrizitätskonstanten" ε und der „Permeabilität" μ des Vakuums. Die LORENTZsche Elektronentheorie führte aber Dielektrizität und Permeabilität auf die Wechselwirkung zwischen den Elektronen und dem elektromagnetischen Feld zurück.

Die Quantenelektrodynamik schreibt dem Vakuum wieder FARADAYsche Eigenschaften zu. Grundsätzlich sollte die Möglichkeit bestehen, experimentell zwischen den effektiven und den wahren Ladungen „freier Elementarteilchen" zu unterscheiden. Dann wäre FARADAYS Unterscheidung zwischen Feldstärke und Erregung auch beim Vakuum unvermeidlich, so daß allgemein die Möglichkeit zweier neuer universeller Naturkonstanten besteht. Dabei gilt die MAXWELLsche Beziehung

$$c^2 = \frac{1}{\varepsilon\mu},$$

welche die Permeabilität des Vakuums μ auf ε und c zurückführt. Der Einwand, daß man entsprechend der Quantenfeldtheorie einen Unterschied zwischen Feldstärke und Erregung nicht nur beim Elektromagnetismus, sondern auch bei allen anderen physikalischen Wechselwirkungen zu machen hätte, ist nicht stichhaltig. – In der Gravitationstheorie übernimmt die NEWTONsche Gravitationskonstante f die Stelle von $\frac{1}{\varepsilon}$.

Die Frage nach den „physikalischen Dimensionen" ist ferner überhaupt nur im Rahmen der klassischen Physik zu beantworten.[1]) Daher spielen mikroskopische Felder hierbei keine Rolle.

[1]) Auf die mögliche Bedeutung der FARADAYschen Dielektrizitätskonstanten für die Unitarisierung der Physik und die damit verbundene

Theorienbildung heißt, gemäß GALILEIS „exakter Induktion", ein Experiment so zu planen und seine Ergebnisse so zu interpretieren, daß dieses Experiment das Modell für ein mathematisches Theorem ist. Gemäß der notwendigen „Erweiterung" der physikalischen Realität, für deren eindeutige Darstellung (HERTZ), enthält die Theorie aber andere unabhängige Variable als die experimentelle Anordnung. Damit impliziert die Theoriebildung Voraussagen über andere Experimente, die ebenfalls reale Modelle für die mathematische Theorie sein müssen, wenn der Induktionsschluß zutrifft.

12. Die klassische Physik bleibt das Kernstück der Physik

Unsere „verlängerten Wahrnehmungsorgane"[1]), die Meßinstrumente, erfüllen ihren Zweck nur dann, wenn wir über ihre Angaben in einer allgemein verständlichen Sprache, d. h. im wesentlichen in unserer Alltagsprache, sprechen können. Diese hängt wiederum „entwicklungsgeschichtlich" eng mit Mechanik, Logik und Mathematik zusammen. Zusätzlich kommen laufend aus dem gesicherten Gesamtfundus wissenschaftlicher Erkenntnisse Begriffe hinzu, über deren Bewährung die „communis opinio" der Physiker mehr oder weniger Übereinstimmung erzielt hat. Dazu sind, nach Ausweis der Physikgeschichte, manchmal längere Zeiten erforderlich. Man denke nur an „Impuls", „Kraft", „Elementarteilchen" usw. Zeiten von mehr als 20 bis 30 Jahren sind vorgekommen. Auch in jüngerer Zeit, etwa bei „Lichtquanten"! Gelegentlich werden Begriffe auch gestrichen (Wärmestoff, Phlogiston, Lichtäther, intermundare Teilchen, transversale Masse usw.).

Die potentielle Doppelfunktion der Meßgeräte als „Sonden" — passiv zur Aufnahme von Signalen, aktiv zum Eingreifen und Be-

---

notwendige Erhöhung der Zahl der physikalischen Dimensionen hat schon G. MIE aufmerksam gemacht.

Die Verwendung einer zusätzlichen „elektrischen Dimension" (der Stromstärke) ist uns bei den Elektrotechnikern und neuerdings international gesetzlich vorgeschrieben. Dies ist aber nicht unbedingt ein Beweis für die Existenz einer universellen Naturkonstante.

[1]) G. MIE (Die geistige Struktur der Physik, Gütersloh 1934) schrieb: „Die Physik ist die Wissenschaft von den künstlichen Sinnesorganen und den mit ihnen angestellten Beobachtungen. Sie geht auf G. GALILEI zurück, der auch das Thermometer erfunden hat."

einflussen von Abläufen, willkürlich, aber nach theoretisch vorgegebenem Plan mit einem wissenschaftlichen oder technologischen Ziel — verläuft sinngemäß im Kompetenzbereich der klassischen Physik und muß durch ihren Begriffsfundus wiedergegeben werden. Alles, was wir über die Randzonen und die Tiefen der Physik aussagen, in größten und kleinsten Abmessungen in Raum, Zeit und Anzahl der Teilchen, ist über die Meßgeräte und ihre klassisch-physikalische Arbeitsweise gegangen. Alles, was wir über Phänomene außerhalb der klassischen Physik erfahren, wie auch deren Nutzung — Kernenergie, Strahlentherapie, Oberflächenanalyse! — funktioniert nur über die klassische Physik. Ohne ihre Leistungsfähigkeit wären wir verlorene Träumer.

Die Leistungsfähigkeit der klassischen Physik ist außerordentlich groß. Dennoch ist die klassische Physik nicht abgeschlossen, und kann es nicht sein. Die überwiegende Zahl von physikalischen Problemen, die in den letzten 100 Jahren mit enormen Einsatz von Mitteln bearbeitet wurde, liegt im Bereich der klassischen Physik. Vor allem gilt das für die Militärtechnik, an deren Problemen etwa die Hälfte aller heute lebenden Physiker tätig ist, und die im weitesten Sinne damit verbundenen Technologien etwa der Mikroelektronik, des Gerätebaues und der Spezialwerkstoffe.

W. Weizel bezeichnet in seinem bekannten „Lehrbuch der theoretischen Physik" die klassische Physik als Physik der Vorgänge und die theoretische Physik als ordnendes Prinzip. Den Vorgängen stellt er gegenüber die Physik der Struktur der Materie. In Anlehnung an diese Unterteilung würden wir von einer Physik der Vorgänge sprechen und einer Physik der in die Theorie der Vorgänge eingehenden Konstanten und deren Rückführung auf die Elementarkonstanten, was seit M. Planck als im Prinzip möglich anzusehen ist. Die „Physik der Vorgänge" enthält Materialkonstanten, die „Struktur der Materie" Elementarkonstanten. Dies entspricht M. Plancks Auffassung, daß — entgegen Helmholtzens Darstellung der klassischen Physik als Aussage über bloße Relationen — Atomistik, Quanten- und Relativitätstheorie auf absolute Werte führen.

Hierbei werden bereits in der Physik der Vorgänge Gesetzmäßigkeiten allgemeinster Gültigkeit manifest (z. B. Planetenbewegung), die bei Anpassung der Mathematik an die jeweils vorliegenden Eigenschaften der Gegenstände überall in der Physik Geltung haben. Die Zurückführung der Materialkonstanten auf die Elementarkonstanten fällt zwar nicht mehr in den Zuständigkeitsbereich der Physik der Vorgänge, macht aber vollen Gebrauch von den an diesen gefundenen allgemeinen Gesetzen. Die Vorgänge selbst umfassen ein unendliches Spektrum kooperativer Erscheinungen, die selbst nicht aus der „Struktur der Materie" erschlossen werden können, sondern unabhängige neue Qualitätsmerkmale enthalten.

Mit den von M. Planck – erstmals 1899 – zusammengestellten universellen Konstanten h, c, f, k, die entsprechend seinen Worten „von gar nichts mehr abhängen", werden nunmehr die Materialkonstanten aus den dynamischen Gleichungen der Physik ableitbar. Hierbei gilt aber A. Einsteins Kriterium, daß wir die Struktur der Materie erst dann verstanden haben, wenn die Materialkonstanten sich aus den dimensionsgleichen Kombinationen der Elementarkonstanten mit einem Zahlenfaktor von der Größenordnung „Eins" ergeben. Hierbei kann (P. W. Bridgmen) A. Einsteins Kriterium „optimistisch" interpretiert werden; d. h., es kann „Eins" auch 10^{-3} oder 10^3 sein. Alle solche Zahlenwerte wären algorithmisch herleitbar.

A. Einstein war der Hoffnung, daß wegen der Dimensionsgleichheit von e^2 und hc die Sommerfeld-Konstante $\frac{2\pi e^2}{hc} \approx \frac{1}{137}$ aus der relativistischen Quantentheorie bestimmbar sein müßte. Daß dies nicht gelungen ist, ist nach W. Pauli die grundlegende Enttäuschung, die A. Einstein bei der Quantenmechanik erlebte.

Innerhalb der Physik der Vorgänge ist die mathematische Behandlung übersichtlicher Modelle ein bewährtes Verfahren der quantitativen Berechnung, basierend auf – meist stark vereinfachten, linearisierten – theoretischen Vorstellungen; wiederum sei auf W. Weizel hingewiesen. Hier liegt aber zugleich eine Grenze zu Newtons „Ozean des Unbekannten", der uns, wie leider häufig verkannt wird, nicht nur in extrem kleinen und extrem großen Dimensionen (Elementarteilchenphysik und Kosmos) entgegentritt, sondern auch im Hintergrund aller klassischen Physik, was ja bereits H. Hertz gesagt hat. Einfach und logisch konsistent sind die in Lehrbüchern niedergelegten linearisierten Ergebnisse. Sowie wir weiter eindringen, tun sich uns Abgründe auf. Es wäre nicht schwer, eine realistische Zusammenstellung der bereits in der klassischen Physik nicht bewältigten Probleme aufzustellen, unter denen so spektakuläre Erscheinungen sind wie die Spritzer, die von einer Welle abgerissen werden, oder die Ausbreitung von Stoßwellen im festen Zustand und vieles andere mehr. Darauf ist häufig hingewiesen worden, z. B. von Darwin, Amaldi u. a. Wir können auch nicht mit Sicherheit sagen, ob das Eindringen in diesen Urwald von miteinander verflochtenen Wechselbeziehungen uns zu grundlegenden Änderungen unserer fundamentalen physikalischen Begriffe veranlassen würde. Wir benutzen z. B. nebeneinander die Begriffe „Masse“ und „Energie“, was für kleine Geschwindigkeiten sicher sinnvoll ist ($v^2 \ll c^2$), bei großen Geschwindigkeiten aber qualitativ neue Aspekte für die Erhaltungssätze liefert.

Natürlich gibt es auch aus dem Zuständigkeitsbereich der Quantenphysik makroskopisch feststellbare Auswirkungen: Die Dispersionsformel im Bereich des sichtbaren und ultravioletten Lichtes kommt nur unter Beteiligung der virtuellen Zustände richtig heraus, für die die Erhaltungssätze für Energie und Impuls nicht rigoros gelten, sondern nur im Rahmen der HEISENBERG-Unbestimmtheitsrelationen; was an die Existenz des PLANCKschen Wirkungsquantums h und der endlichen Lichtgeschwindigkeit c gebunden ist.

Es könnte aber sein, daß bei näherem Zusehen die unverständlichen, d. h. im Sinne unserer Lehrbuchphysik nicht auf die einfachen Grundlagen reduzierbaren Phänomene in der klassischen wie in der Quantenphysik gar nicht so unterschiedlich sind. Die diesbezüglichen Aussagen von H. HERTZ könnten hier ein Hinweis sein. Es ist mehrfach angeregt worden, daß die Physik ihre Aufmerksamkeit nicht nur den Geschehnissen in kleinsten oder größten Dimensionen widmen sollte, sondern Problemen, die wir hier den Hintergrund unserer Physik genannt haben.

Welcher Reichtum beim tieferen Eindringen in die Realität zu erwarten ist, dafür ein Beispiel: Man vergleiche die Differentialgleichung einer gedämpften Schwingung mit der v.-D.-POOLschen Gleichung. Es treten qualitativ völlig neuartige Phänomene auf, z. B. bei Relaxationsschwingungen. Es können periodische Vorgänge mit einem Energiespeicher auftreten. Es gibt viele Probleme der Hydrodynamik, Entstehung der Turbulenzen, Entstehung von Solitonen, bei denen die Situation ähnlich vielversprechend ist.

Bei der mathematischen Behandlung nichtlinearer Vorgänge werden Mathematik und Physik in besonderer Weise verknüpft, und es ist schwer abzugrenzen, wo die Physik aufhört und die Mathematik beginnt. Die typische Zuständigkeit der Physik für die Begriffsbildung kann durch Ausdehnung des Gültigkeitsbereiches der Begriffe in die nichtlinearen Bereiche nicht mehr von der mathematischen Behandlung abgetrennt werden. Man kann sich auf den Standpunkt stellen, daß diese physikalisch-mathematische Bearbeitung realistischer Phänomene einen neuen Zweig der Physik entstehen läßt, eine mathematische Physik oder physikalische Mathematik, die von beiden Disziplinen gespeist wird.

Eine besondere Eigentümlichkeit von nichtlinearen Differentialgleichungen ist die „Bifurkation" der Lösungen, wobei die Lösungstypen sehr verschiedene Symmetrieeigenschaften aufweisen. Das klassische Beispiel ist die Herausbildung der „POINCARÉschen Birne" bei rotierender Flüssigkeitskugel. Auch die EULER-NAVIER-STOKESschen Gleichungen der Hydrodynamik führen nur dann zu einer mathematischen Darstellung der Turbulenzentstehung, wenn die Symmetriebrechungen bei den „Bifurkationen" beachtet werden. Von den „verzweigten" Lösungen ist (bestenfalls) eine stabil; die anderen sind labil (oder metastabil). Aber die mathematische Theorie gibt nicht an, an welcher Stelle und zu welcher Zeit genau eine jetzt labil werdende Lösung mit vorgegebenen Symmetrien in eine Lösung mit völlig anderer Symmetrieeigenschaft umschlägt. (Es handelt sich hierbei um die klassische Situation von BURIDANS Esel.) Es bedarf eines zufälligen Anstoßes, für den die Physik die Atomistik verantwortlich macht. Statistische Schwankungen führen von einem Lösungszweig auf einen anderen.

Es ist klar, daß die enorme Entwicklung der Mathematik und ihrer Methoden in den letzten 50 Jahren die Möglichkeiten einer solchen mathematischen Physik äußerst stark erweitert hat, insbesondere weil ihre quantifizierten Ergebnisse für jede praktische Behandlung von ausschlaggebender Bedeutung sind. Wir haben hier eine Verbindung von Mathematik und Physik in der Sphäre der Applikation auf reale Vorgänge, deren Umfang und Bedeutung ständig wächst. Es ist erstaunlich, daß diese überaus leistungsfähige Disziplin völlig auf den Grundlagen der alten Physik betrieben werden kann. Ob hierbei etwas prinzipiell Neues aus dem Hintergrund der Physik herausgetreten ist, können wir im Augenblick nicht beantworten. Wir möchten es aber auch nicht ausschließen.

Unsere künstlichen Schöpfungen, etwa ein Auto oder eine Rechenmaschine, sind so aufgebaut, daß sie aus einzelnen Teilen bestehen, die einzeln ausgewechselt, nachgesehen, geprüft, gegebenenfalls repariert werden können, wobei von vornherein klar ist, daß nach Austauschen oder Reparatur des defekten Teils die ganze Anlage wieder einwandfrei funktioniert.

Dieses einfache Verhalten findet sich in der Natur nur in den Experimenten der Physiker — und einigen besonders einfachen Spezialfällen, die durch die reversiblen linearen Gleichungen erfaßt werden. Der allgemeine Fall ist eine Verkettung der Funktionen, bei denen die Arbeitsteilung der einzelnen Bestandteile nicht so sauber getrennt ist wie beim Auto oder bei der Rechenmaschine. Die Natur erreicht erstaunliche Leistungen mit relativ geringem Aufwand. Ihre funktionale Verkopplung der einzelnen Teile hat aber hinsichtlich Wartung und Reparatur bekanntlich große Nachteile. Wenn wir davon ausgehen, daß wir letzten Endes im Rahmen unserer Physik genauso an die Naturphänomene herangehen, wie wir es beim Auto oder bei der Rechenmaschine sehen, d. h. die Wechselwirkungen alle als separierbar und dementsprechend die Begriffe als wohl voneinander trennbar betrachten, dann können wir die Frage aufwerfen, ob nicht die Beschäftigung mit den realen Situationen tatsächlich eine völlig unerwartete Erweiterung unseres physikalischen Horizontes liefern wird.[1])

Aus dem Vorhandenen ist wohl ersichtlich, weiche große Bedeutung für die Entwicklung der Physik aus engen Kontakten zur Mechanik und zur Elektronik zu erwarten ist. Wir möchten noch einmal wiederholen, daß es keineswegs selbstverständlich ist, daß ausschließlich die Untersuchungen extrem kleiner oder extrem großer Dimensionen die Erweiterung unseres physikalischen Begriffssystems sichert. Aus der Komplexität der realen Zusammenhänge entspringen Verhaltensweisen, die nur sehr bedingt mit unserer vereinfachten Physik beherrscht werden können. Wir sehen vor uns noch viele ungelöste Probleme; der Ozean des Unbekannten ist, nachdem wir am Rande hineingewatet sind, nur noch ausgedehnter und abgründiger geworden. Die Quantenphysik ist eine wesentliche, aber nur eine Einzelheit dieser neuartigen Dinge.

13. Steht die Physik vor einer neuen Etappe ihrer Entwicklung?

Im Jahre 1909 hielt M. PLANCK an der Columbia University of New York eine Vorlesungsreihe, die der Darstellung des „gegenwärtigen Standes des Systems der theoretischen Physik" gewidmet war. In diesen Vorlesungen sowie in seinem Leidener Vortrag „Weltbild der Physik" vom gleichen Jahr sind bemerkenswerte Aussagen über die von ihm erwartete Entwicklung der Physik

[1]) J. AUTH hat darauf hingewiesen („Wissenschaft und Fortschritt") **31** (1981) 4.

enthalten. Damals stand die Physik tatsächlich vor einer neuen Etappe ihrer Entwicklung. Damals war das spektroskopische Material aus Atom- und Molekülspektren das Fenster in eine neue Welt voller Rätsel. Das Kombinationsprinzip und die BALMER-Formeln wiesen darauf hin, daß ganzzahlige Größen, Quantenzahlen eine überraschende Rolle in der Natur der Atome spielen. Die Entdeckungen von PLANCK und EINSTEIN über die grundlegende Funktion des Wirkungsquantums h standen noch unvermittelt daneben. Die Doktorarbeit von N. BOHR war noch nicht geschrieben.

Und wie ist es heute? Haben wir nicht ein neues, gewaltiges, „spektroskopisches" Material vor uns, wobei der Begriff Spektroskopie unter Einbeziehung von Relativitäts- und Quantenphysik nicht nur auf die Emission elektromagnetischer Quanten, sondern auf alle Quanten zu erstrecken ist. Der alte Weg von 1910 war außerordentlich ertragreich. Der neue scheint es auch zu werden. In seiner Weiterverfolgung hat es tiefe Einblicke in die Natur der Elementarteilchen gegeben, auf die die Autoren mit Recht stolz sind. Aber dies ist doch nichts als die Fortführung des bewährten durch NEWTON angebahnten Weges, von dem A. EINSTEIN sagte: „Es ist der einzige, der begehbar ist."

Zeichnet sich noch immer nicht ein weiterer Zugang zur Erfassung der Wirklichkeit ab? Bleibt nach wie vor die geniale Schau NEWTONS das Maximum des für uns Erfaßbaren?

I. PLANCK begann mit der Frage: Was liegt der (theoretischen) Physik zugrunde? Welches ist das Material, mit dem sie operiert? Es gibt — wie er sagte — „glücklicherweise" eine Antwort auf diese Frage: Das *Material sind Messungen*, das *Werkzeug*, mit dem dieses Material bearbeitet wird, ist die *Mathematik*. Damit ist PLANCKS Position klar: Die Physik gibt Auskunft über einen Teil der Wirklichkeit, der durch quantifizierbare Messungen der mathematischen Behandlung zugänglich ist. Die zentrale Rolle des zu quantifizierten Angaben führenden *Meßprozesses* und der *mathematischen Formulierung* wird an den Anfang gestellt. Wir kommen darauf noch einmal zurück!

PLANCK entwickelte dann seinen Gedanken weiter: Die zahlreichen, früher voneinander unabhängigen Gebiete der Physik erscheinen auf zwei reduzierbar:

Mechanik — als *Physik der Materie*, geknüpft an den Namen NEWTON,
Elektrodynamik — als *Physik des Äthers:* MAXWELL.

Er fragt, ob diese Unterscheidung endgültig bleiben würde, und verneint diese Frage. Mechanik und Elektrodynamik stehen sich nicht ausschließend gegenüber: „Die Mechanik bedarf zu ihrer Begründung prinzipiell nur der *Begriffe des Raumes, der Zeit* und dessen, was sich bewegt, mag man es als *Substanz* oder *Zustand* bezeichnen". Die Elektrodynamik kommt aber mit den gleichen Begriffen aus. Damit bleibt sie im Rahmen der NEWTONschen Gedanken. „Wenn also der Gegensatz zwischen Äther und Materie einmal überbrückt ist, welcher Gesichtspunkt wird dann in endgültiger Weise der Einteilung des Systems der Physik zugrunde gelegt werden?" „Diese Frage ist die wichtigste unter allen, die heute zu behandeln wären". PLANCK beantwortet diese Frage dahin, daß die bleibende Einteilung der Vorgänge die in *reversible* und *irreversible* sein wird. Alle reversiblen Prozesse, ob sie in der Materie oder im Äther verlaufen, haben untereinander größere (formale) Ähnlichkeit als mit irgendeinem irreversiblen Vorgang. Die formelle Betrachtung der Differentialgleichungen reversibler Prozesse zeigt die *Zeitdifferenz in gerader Potenz, so daß die Zeitrichtung auch umgekehrt werden kann.*

Die reversiblen Prozesse haben, wie HELMHOLTZ gezeigt hat, die Eigenschaft, daß sie durch das Prinzip der kleinsten Wirkung dargestellt werden können. Diesen großen formalen Vorteilen der reversiblen Prozesse steht als Nachteil gegenüber, „*daß sie samt und sonders nur ideal sind:* In der wirklichen Natur gibt es *keinen einzigen reversiblen Prozeß, da jeder natürliche Vorgang mehr oder weniger mit Reibung und Wärmeleitung verknüpft ist*".

Das Prinzip der kleinsten Wirkung ist im Bereich irreversibler Prozesse nicht mehr ausreichend. Das *Prinzip der Vermehrung der Entropie* bringt in das System der Physik ein *ganz neues, dem Wirkungsprinzip an sich fremdes Element, das auch eine besondere mathematische Behandlung erfordert.* Ihm entspringt der einseitige Verlauf der Vorgänge, die Erreichung eines festen Endzustandes. „Der Gegensatz zwischen reversiblen und irreversiblen Prozessen ist viel tieferliegend als zwischen mechanischen und elektrischen Vorgängen".

Die Irreversibilität, die wir überall beobachten, führt mit Notwendigkeit zur Atomistik, was sowohl die substantielle Materie wie den Äther betrifft. Sie ist ein Ausweis für das Walten von Wahrscheinlichkeitsgesetzen in der Natur, die an eine atomistische Struktur der Materie gebunden sind und die neben die Grundgesetze, die für Mechanik und Elektrodynamik zuständig sind, treten.

II. Die nachfolgende Entwicklung der Physik ging nicht den von M. PLANCK als aussichtsreich angesehenen Weg: Es begann die weitgehend autonome Entwicklung der relativistischen Physik und der Quantenphysik, beide zurückgehend vor allen Dingen auf zwei Arbeiten von A. EINSTEIN im Jahre 1905. Es ergaben sich derartig spektakuläre neue Erkenntnisse, daß begreiflicherweise die Physiker für mehrere Dezennien damit beschäftigt waren, diese unerwartet reiche Ernte einzubringen.

Die außerordentliche Erweiterung unserer physikalischen Erkenntnis und damit des physikalischen Horizontes wurde vor allen Dingen durch die Einführung relativistischer Gedankengänge in die Quantenphysik durch DE BROGLIE und DIRAC vollzogen und damit eine neue vertiefte Schau der Wirklichkeit, für die aber zweifellos die Physik zuständig ist, gewonnen. Die mit diesen beiden Namen eröffnete Entwicklung der Verquickung quantenphysikalischer und relativistischer Ideen ist in ihren Konsequenzen und Auswirkungen auch heute noch keineswegs ausgeschöpft und bringt ständig neue überraschende Einsichten hervor. PAULI machte die Bemerkung, daß sie für die Physik der nächsten zwei bis drei Jahrhunderte maßgebend sein werden.

Diese Entwicklung fußt auf der Erkenntnis der Existenz des Wirkungsquantums h, der Grenzgeschwindigkeit c, der Quantenphänomene und der Trägheit der Energie. Sie war verbunden mit einer außerordentlichen Perfektionierung der physikalischen Experimentierkunst, die ihrerseits nur möglich war durch Rückgriff auf eine sich rasant entwickelnde elektronische und Geräteindustrie und die Herstellung von neuartigen Spezialwerkstoffen.

Vor allem aber war es die Ausschöpfung des Fundus der Mathematik, die völlig unabhängig von physikalischen Bedürfnissen, aber zweifellos inspiriert durch die begriffliche Entwicklung der Physik, zu einer ungeahnten Blüte leistungsfähiger mathematischer Methoden der Behandlung physikalischer Probleme geführt hat. Der Fundus, der im 19. und zu Beginn des 20. Jahrhunderts in der Mathematik akkumuliert worden ist, reicht bis in die heutige Zeit, wenngleich natürlich unser Jahrhundert auch noch vieles dazugebracht hat. Unter den Mathematikern jener Zeit möchten wir nur einige wenige nennen: GAUSS, HAMILTON, JACOBI, B. RIEMANN, GRASMANN, POISSON, LIE, KLEIN, MINKOWSKI, POINCARÉ, HILBERT, H. WEYL.

Die Virtuosität der mathematischen Physik veranlaßte A. EINSTEIN 1921 zu seiner berühmten Frage: „Warum paßt die Mathematik so gut auf die Physik?“ Was ihn sehr verwundern mußte, da er sich in dem gleichen Vortrag über das Verhältnis zwischen Mathematik und Physik in der ebenfalls bekannten Weise geäußert hat, in dem Sinne der großen Mathematiker und Physiker seit LAPLACE bzw. F. KLEIN, daß die Physik eigentlich mit einer approximativen Mathematik auskommen könnte und die exakte Mathematik ihre Begründung nicht aus der Physik entnehmen müßte. Aber schon H. WEYL hat in den 20er Jahren gesagt: „Die Mathematik stimmt, weil die Physik stimmt.“ Unserer Ansicht nach können wir die Frage EINSTEINS über das Passen der Mathematik in einer einfachen Weise beantworten: Weil die Wirklichkeit, in der sich das physikalische Geschehen abspielt, anders ist als die Wirklichkeit, wie sie von I. KANT aus den NEWTONschen Prinzipien vereinfacht dargestellt wurde. Sie ist viel komplizierter und hintergründiger.

Die von F. KLEIN ausgesprochene Unterscheidung von Präzisionsmathematik und Approximationsmathematik stimmt mit der Auffassung der Wirklichkeit überein, die wir oben bei M. PLANCK vorgefunden haben: „In der Wirklichkeit gibt es keinen einzigen reversiblen Prozeß ...“ Denn sobald Dissipation vorhanden ist, gilt die NYQUIST-Formel oder analoge Ausdrücke für das Vorhandensein der durch die Atomistik bedingten Schwingungserscheinungen, und Präzisions- und Approximationsmathematik klaffen auseinander. Nur wenn die Dissipation verschwindet, kann man ein exaktes Zutreffen präzisionsmathematischer Aussagen voraussetzen und damit z. B. auch exakte Gültigkeit der Erhaltungssätze, wie für Energie und Impuls.

Aber da ist noch ein zweites Moment. Jede mathematische Abbildung der Wirklichkeit liefert mehr, als man eigentlich braucht. Jede mathematische Formulierung erweitert sich durch die Logik der Mathematik, ohne daß automatisch diese Zugaben für die Abbildung der Wirklichkeit wesentlich zu sein oder mit der Wirklichkeit etwas zu tun zu haben brauchen.

Wir nehmen stillschweigend an, daß die mathematisch zuzulassenden Aussagen, die mit der Wirklichkeit verbunden sind, gewissen Erhaltungssätzen (Symmetrien) genügen (Energie, Impuls, Ladung usw.). Gerade aber die Entwicklung der Quantenphysik hat uns gezeigt, daß etwa die Erhaltung von Energie und Impuls wegen der HEISENBERGschen Ungenauigkeitsrelation nicht immer feststellbar ist und daß in kleinen Bereichen von Raum und Zeit Abweichungen durchaus auftreten können, für die sich der Begriff „virtuell“ eingebürgert hat. Das ist natürlich nur dort von Bedeutung, wo keine Dissipation vorhanden ist. Sobald Dissipation vorhanden ist, ist zwangsläufig die approximative Gültigkeit der Erhaltungssätze in jedem Zeitmoment vorauszusetzen, und die virtuellen Zustände haben keine Bedeutung. Ein schönes Beispiel für diese Zusammenhänge haben am Anfang der Quantentheorie die Untersuchungen zur Dispersionstheorie durch LADENBURG, KRAMERS, SLATER und HEISENBERG geliefert und ihre Fortführung später durch WIGNER und WEISSKOPF im Sinne der DIRACschen Theorie.

Der Übereinstimmungsbereich zwischen exakter Mathematik und Physik hat sich durch Einbeziehung virtueller Zustände in die Betrachtung der Wirklichkeit außerordentlich erweitert. Als Träger des virtuellen Geschehens wird das Vakuum angesehen, während das aktuale Geschehen mit seiner vollen Gültigkeit der Erhaltungssätze in die Raum-Zeit-Welt der substantiellen Teilchen und ihrer Aggregate gegeben ist.[1])

Die Aggregate substantieller Teilchen, die Muster, Ordnungszustände derselben sind in der Natur realisiert und Gegenstand physikalischer Forschung, seitdem es sich herausgestellt hat, daß die NEWTONschen Prinzipien der Mechanik bei Berücksichtigung der algebraischen Eigenschaften der sie beschreibenden Größen für sie Gültigkeit haben. Der Abbau dieser Muster, dieser Ordnungszustände ist die Dissipation. Sind alle Muster abgebaut, herrscht völlige Reversibilität.

Der Begriff der Muster darf nicht zu eng gefaßt werden, es sind das Kerne höherer Kernladungszahl, Mehrelektronenatome, mehratomige Moleküle, polymere Kristalle, Strömungen, Wirbel, Wellen ... bis zu den lebenden Strukturen, alles das, was wir heute als kooperative Phänomene, aufgebaut aus Elementarteilchen und Atomen, ansehen.

III. PLANCKS Bemerkung über den Aufbau der theoretischen Physik aus „Messungen“ und „Mathematik“ bedarf aber einer eingehenden Diskussion. Wörtlich genommen würde PLANCKS Definition die theoretische Physik auf G. R. KIRCHHOFFS Programm einer Angabe von mathematischen Formeln reduzieren, die aus gegebenen Anfangsdaten (und mit gegebenen Nebenbedingungen und Parametern) algorithmisch (durch die Integration von Differentialgleichungen) die Meßwerte für beliebige andere Zeiten zu berechnen gestatten. Ein solches Programm realisiert etwa die Himmelsmechanik seit NEWTON und LAPLACE. Aber bereits HELM-

[1]) Die Meßgeräte, als Aggregate substantieller Teilchen, gehören in diese aktuelle Welt, und ihre Aufgaben beziehen sich auf diese.

HOLTZ nannte KIRCHHOFFS Auffassung eine „Trivialisierung" der theoretischen Physik: Er mache aus der Physik wieder eine „beschreibende" Wissenschaft.

In seinem Leidener Vortrag vom 9. Dezember 1908 stellte PLANCK einleitend zwei Methoden der theoretischen Physik gegenüber. Die eine sei die des „kühnen Griffes" einer Erweiterung der physikalischen Realität mit dem Ziel eines einheitlichen physikalischen Weltbildes; als Beispiel hierfür nennt PLANCK insbesondere HERTZENS „Prinzipien der Mechanik". Die andere „Methode ist bedächtiger, bescheidener und zuverlässiger, aber an Stoßkraft der ersten lange nicht gewachsen". Diese sei durch G. R. KIRCHHOFFS Definition der Aufgabe der theoretischen Physik als einer „mathematischen Beschreibung" der Bewegung in Raum und Zeit gegeben.

KIRCHHOFF selbst hatte in der Einleitung zu seinen Vorlesungen über Mechanik diese (1876) so definiert: „Die Mechanik ist die Wissenschaft von der Bewegung: Als ihre Aufgabe bezeichnen wir, die in der Natur vor sich gehenden Bewegungen vollständig und auf die einfachste Weise zu beschreiben". KIRCHHOFF bemerkt aber hierzu, daß nur die Forderung der „Vollständigkeit" vollkommen klar sei: „Es soll eben keine Frage, die in Betreff der Bewegung gestellt werden kann, unbeantwortet bleiben". Nicht so klar ist nach KIRCHHOFF die Forderung der „einfachsten Beschreibung". Hier läßt KIRCHHOFF durchaus die Möglichkeit zu, daß die weitere Entwicklung der Wissenschaft zu einer neuen Auffassung darüber führt, was „einfach" sei. — Gerade an dieser Stelle setzte dann HERTZ' Diskussion der Aufgaben der theoretischen Physik in der Einleitung zu seinen „Prinzipien der Mechanik" (1894) an.

PLANCK bemerkte nun in seinem Leidener Vortrag, daß die um 1900 viel diskutierte Frage der Existenz zweier physikalischer Weltbilder, des der Mechanik und des der Elektrodynamik, sich im Sinne von KIRCHHOFFS Definition dahin klärt, daß sowohl die Mechanik als auch die Elektrodynamik die Bewegung von Substanzen bzw. die Änderung von Zuständen in Raum und Zeit beschreiben, und PLANCK spricht daher die Erwartung aus, daß H. A. LORENTZ' Elektronentheorie und die entstandene speziell-relativistische Dynamik in der Lage sein werden, die Bewegungsgesetze sowohl für die Partikeln als auch für den Äther zu erfassen.

In seiner anschließenden scharfen Polemik gegen die von ihm als Trivialisierung der Physik empfundene positivistische Wissenschaftstheorie von MACH weist PLANCK dann aber auch auf die Erweiterung des Realitätsbegriffs mit Referenz auf L. BOLTZMANN und seine Atomistik hin. PLANCK sagt hier, daß die entscheidenden Progresse, die die Physik gemacht hat, im Gegensatz zu dem stehen, was MACH behauptet. Die letzten Elemente der Physik sind nicht die subjektiven Erlebnisse der Physiker, die ganze Geschichte der Physik führt vielmehr von den subjektiven Erfahrungen, von den auf Grund der Sinnesorgane, mit denen wir sie wahrnehmen, zunächst definierten Disziplinen wie Akustik, Wärmelehre, Optik usw. zu höheren Abstraktionsstufen fort. Die Physik entfernt sich immer mehr vom subjektiven mit dem Erfolg, daß dies zu immer umfassenderen Wahrheiten, zu immer allgemeineren Naturgesetzen führt. Dies demonstriert PLANCK an der Thermodynamik und spricht dabei gleichzeitig die tiefe Erkenntnis aus, daß die Reduzierung der Thermodynamik auf die Atomistik und die statistische Mechanik gemäß BOLTZMANN einerseits den physikalischen Realitätsbegriff erweitert hat und andererseits ein neues Prinzip in die Physik einführte. Um von der Statistik zur Thermodynamik zu kommen, muß man gemäß PLANCK sogar über BOLTZMANN hinausgehen und (das von BOLTZMANN implizierte und tatsächlich auch benutzte, aber in seiner Folgebedeutung von PLANCK gewürdigte) „Prinzip der elementaren Unordnung“ einführen. Und dies ist ein zusätzliches Prinzip, eine neue Aussage über die physikalische Welt, die über die Prinzipien der Mechanik hinausführt. Die allgemeine Gültigkeit der Gesetze der Physik schließt nach PLANCK ein, daß in verschiedenen Gebieten der Physik zu den „universellen Bewegungsgesetzen“ weitere Prinzipien hinzutreten, die dieses spezielle Gebiet charakterisieren.

Tatsächlich sind im allgemeinen – entsprechend dem bekannten Ausspruch von EINSTEIN gegenüber HEISENBERG – die „Messungen“ und überhaupt das Beobachten nicht einfache Selbstverständlichkeiten der Experimentalphysik, sondern das, was überhaupt zu messen und zu beobachten möglich ist, und die Art und Weise, wie diese Messungen und Beobachtungen zu deuten sind, d. h., was sie physikalisch aussagen, enthalten bereits eine ganze Fülle von Theorie. – Hierbei handelt es sich (seit GALILEIS Theorie des Fernrohrs) zunächst um die Theorie der Wirksamkeit der Meßgeräte. Aber darüber hinaus ist auch bei bekannter Wirkungsweise der Meßoperationen in jedem nichttrivialen Falle die Frage, was tatsächlich gemessen und beobachtet wird, nur im Rahmen einer vorgegebenen Theorie sinnvoll beantwortbar. Messungen und

Beobachtungen an sich sind physikalisch bedeutungslos; sie gewinnen ihre Bedeutung erst durch die Theorien über die Fragestellungen und über die Interpretation der Menschen als Antworten auf theoretische Fragen. Die theoretische Physik leistet aber noch viel mehr: Sie realisiert zumindest seit der Begründung der Feldphysik (M. FARADAY, J. MAXWELL) und der Atomistik (L. BOLTZMANN, J. W. GIBBS) das von H. HERTZ (1894) in der Einleitung seiner „Mechanik" formulierte Programm einer notwendigen Erweiterung der Mannigfaltigkeit der physikalischen Realität.

Das unmittelbar Beobachtbare, das direkt Meßbare genügt im allgemeinen keinen einfachen und durchsichtigen mathematisch formulierbaren Gesetzen. Erst durch die Erkenntnis, daß die Mannigfaltigkeit der wirklichen Welt weit größer ist als die Mannigfaltigkeit der primären Sinnenwelt, durch die Einsicht, daß der Mikrokosmos sehr viel reichhaltiger ist als das makroskopisch Gegebene, ist es möglich, auf einsichtige Naturgesetze zu stoßen, die einen erfolgreichen Einsatz der Mathematik möglich machen. Die Hauptleistung der Theorie ist es nach HERTZ, gerade diese Erweiterung des Realitätsbegriffs zu erbringen. Hierfür ist die Begründung der relativistischen Quantentheorie durch DIRAC ein glänzendes Beispiel. DIRACS relativistische Quantentheorie führte zu einer außerordentlichen Erweiterung des Realitätsbegriffs im Sinne von HERTZ.

HERTZ hatte in seiner „Mechanik" zwischen den aktualen, den virtuellen und den denkmöglichen Zuständen der Welt unterschieden. Die „denkmöglichen Zustände" enthalten alles mathematisch widerspruchsfrei Formulierbare und sind eine rein philosophische Konzeption. Die „virtuellen Zustände" sind gemäß HERTZ diejenigen Zustände, die mit den gegebenen physikalischen Anfangs- und Nebenbedingungen verträglich sind, die aber die Bewegungsgesetze, die Prinzipien der Dynamik und aus ihnen folgenden Erhaltungssätze nicht erfüllen. Das besondere Ergebnis der relativistischen Quantenmechanik von DIRAC ist es nun, die Mannigfaltigkeit der virtuellen Zustände als physikalische Realität erkannt zu haben, und die Mannigfaltigkeit erweist sich als eine Realität, die auch auf die aktuale Welt, in der die Erhaltungssätze erfüllt sind, nachprüfbar einwirkt derart, daß erst die Existenz der virtuellen Zustände die aktuale Welt verständlich macht und die aktuale Welt weiter nichts ist als eine durch die gegebenen Umstände und äußeren Einwirkungen erreichte Fixierung einiger dieser virtuellen Zustände.

M. PLANCK hatte 1899, also bereits vor der Begründung der

Quantentheorie (1900) und speziellen Relativitätstheorie (1905), auf die Existenz der vier großen Naturkonstanten aufmerksam gemacht, deren Verständnis und deren Einbau in die Prinzipien der Physik danach Gegenstand der Quanten- und der Relativitätstheorie wurden. PLANCKS Konstanten sind das Wirkungsquantum h, die Lichtgeschwindigkeit c, die Gravitationskonstante f und schließlich die BOLTZMANN-Konstante k, die von der Dynamik der Einzelprozesse auf die Statistik der Kollektive führt. EINSTEINS spezielle Relativitätstheorie ist die Physik, die davon ausgeht, daß die Lichtgeschwindigkeit c nach PLANCK „von gar nichts abhängt". Die Invarianz von c erzwingt, daß jede Physik Feldtheorie sein muß, entsprechend der durch c ausgedrückten Lokalität und Retardierung aller Wechselwirkungen. Wegen der Existenz von c gibt es in der Physik überhaupt kein Zwei- oder n-Körper-Problem, sondern die relativistische Physik ist immer eine Feldtheorie und damit wegen des Wirkungsquants auch immer eine Theorie mit unendlich vielen virtuellen Partikeln.

PLANCKS Wirkungsquantum h garantiert demgegenüber die Existenz von Atomen und subatomaren Partikeln. Die PLANCKsche Konstante verbindet den Feldaspekt mit dem Teilchenaspekt. Daher ist sozusagen von Haus aus die Quantenmechanik eine relativistische Theorie, wie dann sowohl EINSTEINS Photonentheorie des Lichtes als auch DE BROGLIES Materiewellen relativistische Formulierungen der PLANCKschen Relationen waren. PLANCK selbst wies darauf hin, daß das Wirkungsquantum h eine LORENTZ-Invariante ist (und er glaubte deswegen schon 1906 an den Wahrheitsgehalt der speziellen Relativitätstheorie).

Die gleichzeitige Berücksichtigung von c und f führt zur EINSTEINschen Feldtheorie der Gravitation, auf die allgemeine Relativitätstheorie mit dem durch die Gravitationskonstante f gegebenen neuen Aspekt der RIEMANNschen metrischen Struktur der Raum-Zeit-Welt. Die Verschmelzung von h und c ist das Verdienst der relativistischen Quantentheorie DIRACS und ihrer Fortführung als Quantenelektrodynamik und Quantenfeldtheorie.

Das Entscheidende, das die Quantenphysik zum Feldbegriff beiträgt, ergibt sich, wie gesagt, aus ihrer Erkenntnis, daß das Vakuum, der Träger des Feldes, der Inbegriff aller virtuellen Zustände ist. Dieses Virtuelle ist aber deswegen real existent, weil die durch die PLANCKsche Konstante h vorgegebene HEISENBERGsche Unschärferelation ein Benefizium dafür gibt, daß die Gesetze der Dynamik und die Erhaltungssätze der Physik in genügend kleinen Dimensionen im (raum-zeitlichen und kinematisch-dynamischen) Phasenraum nicht erfüllt sein müssen. Alles Virtuelle ist real und bildet das Vakuum, aber dessen Realität beschränkt sich nur auf den durch die PLANCKsche Konstante h begrenzten Bereich des Phasenraumes.

Erst im Rahmen dieses „relativistischen Äthers des Virtuellen" ist gemäß DIRACS Theorie eine relativistische Quantentheorie durchführbar. Denn die EINSTEINsche Relativität führt eben von selbst dazu, daß jeder aktuale physikalische Zustand durch eine unendliche Anzahl von virtuellen Teilchen und Zuständen mitbestimmt wird. — Schon im Rahmen seiner geometrischen c—f-Theorien hatte EINSTEIN darauf hingewiesen, daß die allgemeine Relativitätstheorie nur dann den Feld- mit dem Teilchenbegriff kompatibel machen kann, wenn angenommen wird, daß jederzeit zu jeder Partikel mit einer (positiven oder negativen) Elementarladung e ein Teilchen mit derselben Masse m (und gleichen sonstigen dynamischen Eigenschaften) und entgegengesetztem Ladungsvorzeichen existieren kann. Bereits die c—f-Theorien enthielten daher — wie EINSTEIN 1924 zeigte — die Existenz einer Antiwelt mit ladungsgespiegelter Materie.

Dasselbe ergab nun auch DIRACS h—c-Theorie, jedoch mit der durch das virtuelle Vakuum vorgegebenen Möglichkeit der Erfüllung der entsprechenden Nebenbedingungen, d. h., bereits Zwillingspaare von Teilchen und Antiteilchen durch die Zu- bzw. Abführung der entsprechenden Energien oder Impulse aus dem Vakuum zu realisieren.

Auch dies ist eine große Erweiterung des physikalischen Realitätsbegriffs. Die klassische Atomistik zählte die Teilchen durch natürliche Zahlen größer Null. Die relativistische Quantentheorie zählt die Leptonen und die Baryonen mit ganzen Zahlen von minus Unendlich bis plus Unendlich.

Die entscheidende Bereicherung aber, die DIRACS relativistische Quantentheorie dem physikalischen Relativitätsbegriff im Sinne von HERTZ gegeben hat, ist eben die Entdeckung der Realität der virtuellen Zustände durch das Aufzeigen des relativistischen Äthers als „Inbegriff des Virtuellen". Damit wurde das Vakuum zu einer primären Realität vor und neben den Elementarteilchen. DIRACS Quantenvakuum ist gerade EINSTEINS relativistischer Äther. Das ist eine physikalische Entität, der keinerlei Bewegungszustand, auch nicht die Geschwindigkeit Null, zugeschrieben werden kann, die aber im Rahmen der speziellen Relativitätstheorie ein Inertialsystem definiert. Darüber hinaus sind alle Partikeln, die gesamte substantielle Welt der Atomistik und die damit — gemäß EIN-

STEIN und DE BROGLIE — verbundenen physikalischen Felder (im Sinne der klassischen Feldphysik) Anregungszustände des Vakuums.

Modifikationen bzw. Einschränkungen des EINSTEIN-DIRACschen relativistischen Quantenäthers folgen erst aus EINSTEINS allgemeiner Relativitätstheorie, die als $h-c-f$-Theorie gleichzeitig auch die Geometrie der Raum-Zeit-Welt und damit die Möglichkeit von makroskopischen Meßoperationen definiert. Damit erfüllt die allgemeine Relativitätstheorie EINSTEINS Erwartung, daß sie „bereits jenseits des Gegensatzes von klassischer und Quantenfeldtheorie steht". Die Quantenfeldtheorie der Gravitation ergibt vermutlich keine nachmeßbaren theoretischen Voraussagen, die diese Theorie von der klassischen allgemeinen Relativitätstheorie unterscheiden. Im Rahmen einer $h-c-f$-Theorie und damit, bei voller Ausschöpfung der Bedeutung von PLANCKS universellen Konstanten, formulierbaren Physik des „Gravitationsäthers" (nach A. EINSTEIN und H. WEYL) folgen aus den HEISENBERGschen Unschärferelationen und EINSTEINS Äquivalenzprinzip neue Meßschranken, die eine nachmeßbare Differenz zwischen der klassischen und der quantisierten allgemeinen Relativitätstheorie ausschließt. Der EINSTEIN-WEYLsche „Gravitationsäther" verhindert den Nachweis von Quanteneffekten des Gravitationsfeldes gerade deswegen, weil die (RIEMANNsche) Raum-Zeit-Metrik mit dem Gravitationspotential gemäß EINSTEIN dasselbe ist.

IV. Die Entwicklung der Atomphysik, der Quantenphysik und der Relativitätstheorie um 1900 war zunächst Aufklärung innerer physikalischer Widersprüche zwischen Mechanik und Thermodynamik (BOLTZMANNS Atomistik), Thermodynamik und Elektrodynamik (PLANCKS QM), Elektrodynamik und Mechanik (EINSTEINS RT). Die neuen Theorien entwickelten aber auch Begriffe und Methoden, mit denen bis dahin von den Naturwissenschaften (einschließlich der Physik) nur konstatierte Phänomene theoretisch einsehbar und experimentell beeinflußbar wurden. Sie führten zu Aussagen über neuerschlossene Erfahrungsbereiche, z. B. über die Atomstruktur oder Bewegungen mit angenäherter Lichtgeschwindigkeit. Heute steht die Physik wieder vor Grundlagenfragen, die sie zunächst selbst betreffen. P. A. M. DIRAC wies darauf hin, daß zwischen den großen Theorien, Quantenmechanik und Relativitätstheorie, in deren letzten Konsequenzen Widersprüche auftreten.

Die damit verbundenen mathematischen „Singularitäten" lassen sich zwar durch rechnerische Methoden großer praktischer

Leistungsfähigkeit (wie die Renormierungstechnik der relativistischen Quantenmechanik) „umschiffen"; sie sind aber, wie DIRAC betont, logisch innerhalb von Quantenmechanik und Relativitätstheorie nicht auflösbar. Zudem reichen die Begriffe und Prinzipien zusammen nicht aus, um die Substrukturen der Elementarteilchen oder die Megastrukturen des Kosmos zu erfassen. Die neuen, hierzu entwickelten Begriffsbildungen scheinen zwar mit denen der Quantenmechanik und Relativitätstheorie kompatibel zu sein, sind aber aus diesen Theorien nicht deduzierbar. Es sind Zusatzhypothesen.

Aktuelle Lösungsansätze sind die auf der Quantentheorie aufbauenden Theorien der Elementarteilchen und die „unifizierenden" Erweiterungen der allgemeinen Relativitätstheorie. Beide Ansätze erstreben eine „große Unifikation". Diese exemplifizieren das Zusammenwirken der PLANCKschen universellen Naturkonstanten: Lichtgeschwindigkeit c, Gravitationskonstante f und Wirkungsquantum h. Sie erstreben damit die Synthese von Quantentheorie, spezieller und allgemeiner Relativitätstheorie. Die Einbeziehung der vierten Konstante bei PLANCK, der BOLTZMANN-Konstante k, weist auf die Existenz und die Bedeutung von Kollektiv-Phänomenen im Makro- und Mikrokosmos hin. Sowohl die Theorie der hochenergetischen Prozesse als auch die der dissipativen Strukturen implizieren solche Kollektiv-Phänomene.

PLANCKS Gegenüberstellung der reversiblen und irreversiblen Gesetzlichkeiten in der Physik wird durch die Forschungen über solche Kollektiv-Phänomene ein dreiviertel Jahrhundert nach PLANCKS Vorlesungen wegweisend für die weitere Entwicklung der Physik.

Wir kommen auf unsere Frage zurück: Steht die Physik heute vor einer neuen Etappe ihrer Entwicklung? Wir möchten sie in dem Sinne bejahen, daß die Physik seit einigen Jahrzehnten „über sich selbst hinauswächst". Eine gewisse Parallele zu den Prinzipien von NEWTON drängt sich auf. So wie diese sehr viel mehr beinhalten als die Grundlagen der Himmelsmechanik, für die sie geschaffen wurden, und tatsächlich die Grundlage aller bisher entwickelten Physik darstellen, so haben die Ergebnisse der relativistischen und der Quantenphysik uns sozusagen einen Blick hinter die Kulissen der NEWTONschen Realität werfen lassen. Die Physik ist demnach dabei, völlig neue Aspekte der Wirklichkeit dem theoretischen Denken zugänglich zu machen, wobei sie sich in einer ganz besonderen und produktiven Weise mit der Mathematik verbindet.

Thesen von Max Planck

Die nichtrelativistische Quantenmechanik führt auf Grund der PLANCKschen Konstanten h auf die SCHRÖDINGER-Gleichung im Konfigurationsraum. Für N Partikeln hat dieser Konfigurationsraum $3N$ Dimensionen.

Die speziell-relativistischen Feldtheorien führen wegen der endlichen Ausbreitungsgeschwindigkeit c aller Wirkungen — der Trägheit der Energie! — zu der Aussage, daß es ein Mehr-Körper-Problem mit finitem N gar nicht geben kann; vielmehr ist jedes Zwei-Körper-Problem bereits ein Problem mit einer unendlichen Anzahl von virtuellen Partikeln.

Dies ist in der klassischen Physik nicht problematisch, weil hier den virtuellen Zuständen keine physikalische Realität zukommt. In der Quantentheorie bekommen — im Rahmen der HEISENBERGschen Unschärferelation — die virtuellen Zustände dagegen physikalische Realität: Sie definieren das Vakuum.

Dementsprechend verlangt eine relativistische Quantenmechanik einen Konfigurationsraum mit einer unbestimmten, aber unendlich großen Zahl von Dimensionen (Freiheitsgrade der Dynamik).

Eine solche Theorie wurde in der Quantenelektrodynamik deswegen verständlich, weil hier zwei Grenzfälle bekannt sind, die die Interpretation des mathematischen Formalismus erlauben: die nichtrelativistische SCHRÖDINGER-Gleichung und die klassischen MAXWELLschen Gleichungen. Im ersten Fall wird $c \to \infty$ gesetzt, und im zweiten Fall geht $h \to 0$. Alle anderen Quantenfeldtheorien besitzen solche Grenzfälle nicht, und es ist deswegen sehr schwierig, sie korrespondenzmäßig zu interpretieren.

EINSTEINS allgemein-relativistische Gravitationstheorie könnte als einzige Theorie, die quantisiert alle drei von PLANCK angeführten Fundamentalkonstanten h, c und f enthält, im Sinne von EINSTEIN „bereits jenseits des Gegensatzes von klassischer Physik und Quantentheorie stehen". PLANCKS Fundamentaleinheiten könnten es ausschließen, experimentell zwischen den Konsequenzen der klassischen und der quantisierten Gravitationsgleichungen zu unterscheiden.

Anhang. Einige Gedanken über die Physik und ihre gesellschaftlichen Auswirkungen, insbesondere über Physik und Technik[1])

Die Bedeutung der Wissenschaft für unsere gesellschaftliche Entwicklung ist in den Beschlüssen der letzten Parteitage (VIII., IX. und X.) immer präziser herausgearbeitet worden: Wenn wir allgemein nicht für einen abstrakten Fortschritt sind, sondern für konkrete Ergebnisse — zusammengefaßt in der „Hauptaufgabe" —, so gilt das naturgemäß auch für die Wissenschaft als wesentlichen Bestandteil des Fortschritts.

1. Das „wissenschaftliche" und das „Alltagsdenken"

Einige Worte über Wissenschaft — insbesondere über Physik. Wissenschaft ist nicht Selbstzweck — wie bekannt ist! Sie wurde von den Menschen geschaffen, als außerordentlich wirksames Mittel in der Auseinandersetzung mit der (unbelebten und belebten) Umwelt. Die Menschen haben sich die Wissenschaft vom Munde abgespart! Die Wissenschaft hat darum die Verpflichtung, der Gesellschaft zu dienen. Sie ist keine „Ersatzreligion" und kein „Religionsersatz".

Das Verständnis für die heutige Wissenschaft und ihre gesellschaftliche Wirksamkeit erfordert die Kenntnis ihrer Geschichte. Viele erkannte Wahrheiten wurden schnell vergessen!

Nach H. v. Helmholtz ist das wissenschaftliche Denken nichts anderes als eine Verfeinerung des Alltagsdenkens.[2]) Für Helm-

---

[1]) Gekürzte Fassung von Vorträgen von R. Rompe zum gleichen Thema, 1982.

[2]) „Die Philosophen fangen ihre Untersuchung meist erst bei dem Wissen an, das bereits in Worten ausgeprägt werden kann. Die davor liegenden Prozesse des Sammelns von tatsächlichen Erfahrungen sind ihnen meist gar nicht oder doch nur vom Hörensagen bekannt. (Forts. Seite 58)

HOLTZ – und nach ihm H. HERTZ, M. PLANCK und A. EINSTEIN – ist die begriffsschöpferische Fähigkeit der Physik das Fundament all des gesicherten Wissens, das wir unter dem Sammelbegriff der „exakten Wissenschaften" verstehen wollen. Die Physik hat begriffsschöpferische Qualitäten entwickelt, die für alle Wissenschaften von Bedeutung sind.[1]) Die physikalischen Begriffe implizieren meist den Einsatz von Meßgeräten, die Daten liefern, welche eine mathematische Bearbeitung ermöglichen. Daneben verwendet die Physik aber auch Begriffe wie „Härte", die nicht auf einer quantitativen Messung, sondern auf Vergleichen von Substanzen beruhen. Auch in der Physik gibt es ein Nebeneinander alter und neuer Erkenntnisse, neuer und alter „Forschungstechnologien".[2])

Die mathematisch bearbeiteten Teile der Wissenschaft können unmißverständlich weitergegeben werden, so wie die Regeln der Arithmetik ($2 + 2 = 4$) in jeder Sprache und in jedem Teil der Welt richtig sind. Die Beschäftigung mit Physik ist deshalb nicht nur unter dem Aspekt der Ausnutzung der Ergebnisse physikalischer Forschung interessant, sondern vor allem, um zu einer einheitlichen Auffassung über Wissenschaftlichkeit und Handhabung der Wissenschaft zu gelangen.

Da Wissenschaft aufwendig ist, muß ihr Einsatz gesellschaftlich gerechtfertigt sein. Die Problemstellung muß angemessen sein, um den Einsatz der Wissenschaft zu rechtfertigen. Das empirisch-intuitive Vorgehen „Probieren und Nachsehen" ist schnell und billig. Es ist deshalb weiterhin in der Sphäre der materiellen Produktion und im Alltag im Gebrauch!

In den 50er und 60er Jahren des 20. Jahrhunderts – in den Jahren des billigen Erdöls! – war Geld für Wissenschaft billiges Geld (V. WEISSKOPF). Das ist der Wissenschaft nicht immer gut be-

---

Der Physiker muß sich selbst helfen und die Dinge in eigener Weise zurechtlegen. Wissenschaft ist ja nichts anderes als eine methodisch und absichtlich vervollkommnete und gesäuberte Erfahrung, eine Erfahrung, die vollkommener und sicherer ist als jene durch Zufall zusammengekommene Erfahrung eines einzelnen nicht methodisch verfahrenden Menschen. Eben deshalb dürfen wir auf die echte Wissenschaft am meisten vertrauen und am meisten Wert legen."
In: Zur Grundlegung der theoretischen Physik. Beiträge von H. v. HELMHOLTZ, und H. HERTZ. Akademie-Verlag, Berlin 1984.

[1]) LENIN: Die moderne Physik wird den dialektischen Materialismus hervorbringen.

[2]) HEINRICH HERTZ hat eine ingeniöse quantitative Theorie der Härte aufgestellt, die aber praktisch niemals angewandt worden ist.

kommen. (Ausgehend von den USA drangen „Business-Methoden" in die Wissenschaft ein!) Es bildeten sich die „trockenen Zweige der Wissenschaft" aus, die es abzubrechen gilt (nach L. Breshnew).

Allgemeinbildung auf wissenschaftlicher Grundlage (10-Klassen-Schule) und technische Erfahrung, vor allem im Umgang mit den Erzeugnissen der Technik, entwickeln das Alltagsdenken weiter und schaffen die Fähigkeit, auch mit komplizierten Systemen umzugehen, auch ohne im einzelnen zu wissen, warum diese funktionieren (Mathematik, Auto, Flugzeug). Diese intuitiv-empirische Vertrautheit mit den Eigenschaften solcher komplizierten Systeme ist aber die Voraussetzung für das theoretische Verständnis ihrer Funktion.

Die historisch entstandenen Unterschiede in der Welt werden durch die Handhabung der Wissenschaft im Imperialismus (aus Wissenschaft Profit zu machen) noch vergrößert unter Verstärkung des Raubbaus an Menschen, vor allem in den zurückgebliebenen Gegenden, und an Rohstoffen. Ein Abbau der großen Unterschiede ist durch Einsatz unmißverständlicher und überall geltender Ergebnisse der Wissenschaft möglich, allerdings erst im Sozialismus, da Profitgier und Ausbeutung im Imperialismus die Gegensätze und damit das Heer ihrer abhängigen, der Ausbeutung ausgelieferten Menschen nur vergrößern.

Die optimale Nutzung der Wissenschaft erfordert ein sinnvolles Zusammenwirken von wissenschaftlichen Ergebnissen und solchen, die mittels „Alltagsdenkens" gewonnen werden. Das äußert sich in einem Nebeneinander von Technologien verschiedenen Alters bei positivem gesellschaftlichem, vor allem ökonomischem Effekt. Es ist ökonomisch unvorteilhaft, nur mit neuesten genauso wie nur mit alten Technologien arbeiten zu wollen.

2. Kurze historische Betrachtung: Die modernen Techniksysteme sind in unserem Jahrhundert aus der Physik gekommen. Wird das so weitergehen?

Physik und Technik haben sich in den letzten 100 Jahren weitgehend parallel und in engster Verbindung entwickelt. Die Physik hat der Technik sehr viel gegeben und hat mindestens ebensoviel zurückerhalten.[1])

---

[1]) Die Wiege der *gesamten modernen Technik* bei uns steht am Warschauer Platz in Berlin. Sowohl der Zweig Elektronik wie der Zweig Kern-

Anfang des 19. Jahrhunderts fand Oerstedt die magnetische Wirkung von Strömen, Faraday das Induktionsgesetz, Siemens stellte das dynamoelektrische Prinzip auf, welches sich, nachdem es 30 Jahre lang nur (von Siemens selbst) in der Militärtechnik zur Beleuchtung von Schießplätzen mit Scheinwerfern verwendet wurde, etwa ab 1895 im Rahmen der aufkommenden elektrischen Beleuchtung als Starkstromgenerator durchgesetzt hat (T. Edison, E. Rathenau).

Die Entdeckung der elektromagnetischen Wellen (Maxwell, Helmholtz, H. Hertz) wurde für drahtlose Telegrafie und Telefonie Anfang des Jahrhunderts ausgenutzt (Marconi, Popow).

Edison erdachte das System der elektrischen Beleuchtung, welches nachhaltigste Auswirkungen für die Entwicklung der gesamten Technik hatte, da es zur Vakuumelektronik (Nutzung des von Edison entdeckten Glühelektroneneffekts) geführt und die durch den Franck-Hertz-Versuch ausgelöste Entwicklung der Quantenphysik ermöglicht hat.

Auer v. Welsbach schuf durch seinen thoriumimprägnierten Glühstrumpf den Ausgangspunkt für die Radiochemie, die in der späteren Auer-AG weiterentwickelt wurde, wobei Hahn und Meitner als Hochschullehrer beteiligt waren. Der Eigentümer der Auer-AG, der Bankier Koppel, finanzierte später ein Kaiser-Wilhelm-Institut für Hahn und auch eines für Haber und wollte für A. Einstein ein KWI für Physik gründen helfen. G. Hertz schuf bei Philips und an der Technischen Hochschule Charlottenburg Isotopentrennverfahren, die die Grundlagen der Kerntechnik wurden. Auf dem Gebiet der Chemie setzte diese Entwicklung bereits um 1860 ein mit der Gründung der BSAF.

Aus dieser Verbindung von Physik, Chemie, Mathematik und Technik sind die großen technischen Systeme entstanden, die unser Leben beherrschen. Dazu gehört vor allem die Energieerzeugung, -übertragung und -wandlung, und zwar sowohl für fossile Energieträger wie auch für Kernenergie.

Ebenso bedeutend ist das System der Informationsbearbeitung, Telefon, Telegraf, Radio, Fernsehen, Datenverarbeitung, Rechentechnik. Die Massenmedien sind aus unserem Leben nicht mehr wegzudenken. Sie haben positive Funktionen durch Vermehrung der Bildung und Herstellung eines gleichzeitigen Erlebens der Er-

---

energetik nahmen in dem Gebäudekomplex ihren Anfang, den die Auer-Gesellschaft vor dem ersten Weltkrieg erbaute und der heute von NARVA genutzt wird.

eignisse auf der ganzen Erde und negative in Meinungsmanipulationen. Neben diesen modernen technischen Systemen, die auf Entdeckungen der Grundlagenforschung der letzten 150 Jahre aufbauen, gibt es noch weitere, die auf den alten empirisch erarbeiteten Technologien beruhen, wie Transport (Straße, Schiene, Wasser, Luft), Ernährung, Behausung, Bekleidung, die alle von der Entwicklung der „exakten", messenden und theorienbildenden Wissenschaft profitieren.

Die großen technischen Systeme entstanden etwa in den letzten 100 Jahren. Sie setzten ein hohes Ausmaß an Kooperation verschiedenartigster Gebiete von Wissenschaft und Technik voraus und eine entsprechende Konzentration materieller und ökonomischer Mittel durch das Entstehen der Monopolgesellschaften, die ihren Zielen und Bedürfnissen entsprechende Forschungs- und Entwicklungspotentiale schufen.[1] Der Aufbau eines solchen Systems kostete viele hundert Milliarden und nahm vor allem die Kapazität des besonders hochwertigen Anlagen- und Apparatebaus und der Gewinnung besonderer Werkstoffe in Anspruch. Aus diesem Grunde haben es heute Innovationen schwer, sich außerhalb der bestehenden Systeme durchzusetzen. Ökonomische Erfolge bringen sie, wenn sie in bestehende Systeme passen und diese logisch erweitern, z. B. Mikroprozessoren im System der Elektronik.[2]

Eine sehr starke Konkurrenz für das Entstehen neuer technischer Systeme bildet die Militärtechnik, die selbst außerordentlich hohe materielle und ökonomische Mittel in Anspruch nimmt und vor allem den Engpaß des Anlagen- und Apparatebaus blockiert. So können zweifellos aussichtsreiche Erweiterungen bestehender Systeme so lange nicht realisiert werden, als es nicht zu einer effektiven Beschränkung der Rüstung kommt, z. B. friedliche Nutzung der Kernenergie durch schnelle Brüter und Fusion oder volle Entwicklung der Bildungsverbreitung durch elektronische Mittel zur Liquidierung der Rückständigkeit.[3]

---

[1]) Zum Beispiel Siemens und Halske, Siemens-Schuckert, W. Siemens, AEG, E. Rathenau, EKB, W. Rathenau, GEC Steinmetz, Langmuir, BASF Hoechst, Duisburg, K. Bosch.

[2]) Die „Trägheit der Investition" bewirkt so eine „Reife" der Technik!

[3]) Es gibt in diesem Sinne keine „Nord-Süd"-Diskrepanz, sondern einen „Rüstung-Abrüstung-Gegensatz"! Andererseits sind die unser Leben beherrschenden technischen Systeme historisch entstanden und mit unserer gesellschaftlichen Entwicklung engstens verbunden. Länder der „dritten Welt" können technisch durchaus andere Wege gehen, wie z. B. in Indien oder in Mexiko diskutiert wird.

3. Zur Frage der Leistungsfähigkeit der Physik: Bei entsprechendem Aufwand können alle sinnvollen Aufgaben gelöst werden

Von 1900 bis etwa 1930 wurden Grundlagen der Physik erarbeitet, die sowohl die sogenannte klassische Physik wie die modernen Gebiete der relativistischen und der Quantenphysik umfassen. Diese Grundlagen reichen aus, um bei entsprechendem Aufwand die allermeisten Probleme, die in der Gesellschaft auftreten, erfolgreich zu bearbeiten.

Die Physik hat sich nach 1930 in Richtungen entwickelt, zu extrem kleinen (Elementarteilchen) Dimensionen und extrem großen (Kosmos), von denen SZILLARD sagte, wir vertiefen uns immer mehr und entfernen uns immer mehr von „zu Hause". „Zu Hause" bedeutet: unsere gesamte Radiotechnik, Elektronik; unsere gesamten Werkstoffe; unsere gesamte Energetik einschließlich schnelle Brüter und Fusion; unsere gesamte medizinische Physik; unsere gesamte Geo- und Kosmosphysik, alles, was Bezug hat auf unser heutiges und künftiges Leben.

Eine eindrucksvolle Demonstration der Leistungsfähigkeit dieser unserer Physik („für zu Hause") sind die Militärtechnik und die Raumfahrt, aber auch Beschleuniger, automatische Experimente der Hochenergiephysik, die Fusionsmaschinen, die medizinischen Großgeräte. Die Namen „Venussonden" oder „Mann im Mond" zeigen, was die Physik von heute in Verbindung mit Mathematik und anderen naturwissenschaftlichen Beiträgen bei entsprechendem Aufwand leisten kann.

Ein Auto, nach den Prinzipien der Raumfahrt gebaut, hält zehnmal länger als unsere Autos und kostet voraussichtlich mehr als zehnmal so viel, wahrscheinlich sogar hundertmal mehr, ist aber durchaus mit unseren heutigen Mitteln realisierbar. Die Technologie der Mikroelektronik ist ein Wunderwerk des menschlichen Geistes.[1]) Die Leistungsfähigkeit der Physik ist so groß, daß jede sinnvolle Aufgabe — d. h. die nicht im Widerspruch zu den Grundgesetzen der Physik steht — bei entsprechendem Aufwand mit

---

[1]) Auch hier wieder die Vorleistung der Physik, speziell der Festkörperphysik und ihrer „Labortechnologien", als Start für die Entwicklung spezieller Betriebstechnologien, die dann ihrerseits zu einer entscheidenden Erweiterung des Horizontes der Grundlagenforschung auf den betreffenden Gebieten führten!

Einsatz von Mathematik und Rechentechnik bewältigt werden kann.[1])

Der Erkenntniszuwachs der Physik seit etwa 1920 ist so groß, daß wir mit großer Wahrscheinlichkeit kommende Entdeckungen hinsichtlich ihrer Auswirkungen auf unser Leben („für zu Hause") abschätzen können. Der Fusionsstrom wird nicht billiger sein als der aus Druckwasserreaktoren erzeugte, mit Antimaterie wird man niemals wirtschaftlich nutzbare Energie produzieren, Gravitationswellen — wenn es sie wirklich gibt! — werden keinen Einfluß auf unsere Technik haben. Die wunderbare Leistungsfähigkeit der Quantentheorie wird nicht besser werden, wenn wir erst wissen, welche Zusammenhänge es zwischen den Elementarkonstanten e, h, c, m, M gibt, die ihren Wert bestimmen, oder was das Elektron veranlaßt, auf einem Raum vom Volumen $(h/mc)^3$ zusammenzubleiben!

4. Weltfundus der Wissenschaft vom Standpunkt der Physik. Einheit der Ergebnisse der Erkenntnissuche und der Erkenntnisnutzung. Frage der Zugänglichkeit

Physik wird wegen ihrer außerordentlichen gesellschaftlichen Wirksamkeit überall auf der Welt betrieben, und diese ihre Auswirkungen sind in mancher Hinsicht vorteilhaft und segensreich für die menschliche Gesellschaft. Ich nenne nur die Energieproblematik, insbesondere die friedliche Nutzung der Kernenergie, und die Elektronik/Mikroelektronik mit ihrer außerordentlichen Bedeutung zur Erhöhung der Produktivität menschlicher Tätigkeit, für Massenkommunikationsmittel, Bildungsmöglichkeiten und dergleichen mehr. Aber die Auswirkungen der Physik können auch katastrophal sein. Die Menschheit hat die Grauen der Bombenabwürfe von Hiroshima und Nagasaki nicht vergessen, und viele andere Ergebnisse gibt es, die nicht weniger bedrohlich sind, z. B. Verwendung moderner Elektronik für Roboterwaffen (sog. „intelligente Waffen"), also konventionelle Waffen.

Es ist verständlich, daß der *Umfang der physikalischen Betätigung* in der Welt sehr groß ist. Gehen wir davon aus, daß in der

[1]) Es kommt aber wieder dabei heraus: Wissenschaft ist aufwendig. Wer reich ist, wird durch Wissenschaft noch reicher, für arme Leute ist Wissenschaft nichts. Sie müssen sich mit dem Alltagsdenken durchschlagen!

DDR ca. 5000 Physiker tätig sind, so dürfte für die Welt im ganzen eine Zahl von etwa 50000 wohl angemessen sein. Nach USA-Quellen ist die Hälfte dieser Physiker an militärtechnischen Aufgaben beschäftigt. Rechnen wir pro Arbeitsplatz eines Physikers den Betrag von etwa 100 TM pro Jahr, so ergibt das einen Gesamtaufwand in der Welt von ca. 50 Milliarden Mark, die die Physik in Anspruch nimmt; mindestens 50% davon für nichtfriedliche Zwecke. Dabei stehen dem Umfang nach Aufgaben im Vordergrund, die in die Zuständigkeit der klassischen Physik, der Mechanik, der elektrischen Rechentechnik und Datenbearbeitung fallen. Und das nun seit rund 10 bis 20 Jahren!

Es ist weiter verständlich, daß ein solch enormer Physikbetrieb eine Fülle von Ergebnissen, Methoden, Verfahren produziert, die in den Weltfundus eingehen. Darum ist der Kontakt zur Weltphysik auch für die DDR, die naturgemäß nur einen schmalen Ausschnitt der Weltphysik bearbeitet, unerläßlich, und die Nutzung dieses Weltfundus stellt das Verfahren dar, mit einem angemessenen gesellschaftlichen Aufwand interessante Resultate zu erzielen. Überragende Leistungen in der Wissenschaft — und auch in der Technik! — werden mit einem erträglichen gesellschaftlichen Aufwand nur erzielt, wenn einer auf den Leistungen der anderen aufbauen kann.[1])

Im Weltfundus der Physik sind die Ergebnisse der Erkenntnissuche und der Erkenntnisnutzung gleichermaßen vorhanden. Die Ergebnisse der gesellschaftlichen Auswirkungen der Physik stellen einen großen Teil des gesamten Weltfundus dar, was meistens nicht beachtet wird, da wir häufig den Weltfundus unter dem Aspekt seiner disziplinären Darstellung in Vorlesungen an Universitäten und Hochschulen sehen.

Innerhalb des Weltfundus der Physik gibt es naturgemäß qualitative Unterschiede, es gibt fruchtbare und unfruchtbare Zweige, es gibt auch Wildwuchs. Die einzelnen Beiträge zum Weltfundus kommen ja aus den verschiedensten Richtungen und betreffen die verschiedenartigsten Gebiete. Die Unterschiede sind sowohl hinsichtlich wissenschaftlicher Ergiebigkeit wie gesellschaftlicher Verwertbarkeit vorhanden. Beides fällt meistens nicht zusammen. Nur gelegentlich sind wissenschaftliche Ergiebigkeit und gesellschaftliche Verwertbarkeit gekoppelt. Das hängt natürlich mit der Auswahl der bearbeiteten Probleme unter dem Gesichtspunkt der derzeitigen Leistungsfähigkeit der Physik zusammen. Es ist kein

[1]) Das ist das Geheimnis der rasanten Entwicklung in Japan.

Gesetz, daß das immer so bleibt. Auf jeden Fall ist es aber zulässig, und auch notwendig, über den Weltfundus und seine einzelnen Bestandteile eine eigene Meinung zu erarbeiten, und wir sind besonders darauf angewiesen, durch eine sehr sorgfältig vorbereitete Auswahl unserer eigenen Aktivitäten ergiebige Gebiete auszuwählen. Eine Hinnahme des Weltfundus ohne eigene kritische Stellungnahme wäre sicher nicht gut.

Die einzelnen Beiträge zu Teilgebieten der Physik haben häufig den typischen „biologischen" Verlauf: Es dauert erst eine Zeit, bis sie als wissenschaftlich ergiebig oder profitabel erkannt werden, dann kommt eine Phase wachsenden Interesses der Physiker an einem neuen Gebiet und einer schnellen Entwicklung, die schließlich in einer Art Sättigung mündet. Falls die Gründe dafür ausreichen, können Fortschritte auch dann noch erzielt werden, meist aber mit einem unverhältnismäßig hohen Aufwand. Ausnahmen mag es geben, vor allem im Bereich des Geokosmos und analoger Gebiete mit durch die Natur vorgegebenen Objekten.

Als M. DELBRÜCK in Buch gefragt wurde, warum er die Arbeiten an Bakteriophagen aufgegeben hätte, für die er doch (zusammen mit LURIA) den Nobelpreis erhalten hätte, antwortete er, es mache ihm nur Spaß, auf Gebieten zu arbeiten, wo es im wesentlichen genüge, seine eigenen Arbeiten zu kennen. Bemerkenswerterweise sind eine relativ große Anzahl physikalischer Nobelpreise gerade für solche Arbeiten verliehen worden, und aus solchen Arbeiten kommen gewöhnlich die „neuen Qualitäten" heraus (z. B. MÖSBAUER oder EIGEN).

Wenn wir darin übereinstimmen, daß man ohne Zugriff zum Weltfundus nur mit unangemessen großem Aufwand brauchbare Ergebnisse erzielen kann, dann ist auch klar, was man sinnvollerweise unter „Einheit der Physik" verstehen sollte: Man muß immer verstehen können, was in der Physik in der Welt vorgeht, aber nicht alles selbst betreiben. Da die Physik in der DDR nur wenige Prozente der insgesamt auf der Erde betriebenen Physik darstellt, ist die Frage einer durchdachten ausdiskutierten Auswahl naheliegend, sogar zwingend. Auf der anderen Seite ist die hochgradige Komplexität aller A-Probleme (natürlich auch der B-Probleme und der technischen Seite der C-Probleme)[1]) zu beachten, so daß eine befriedigende Lösung der langfristigen Planung der Grundlagenforschung, so wie das in unserem „Plan der Grundlagenforschung" geschieht, nur im Verbund der mathematischen

[1]) Siehe Fußnote auf S. 67.

Naturwissenschaften und technischen Hauptdisziplinen gefunden werden kann.

Die Einheit der Physik kann, bei kritischer Durchmusterung der Bestandteile des Weltfundus und Einschätzung ihrer wissenschaftlichen und gesellschaftlichen Fruchtbarkeit, nur erhalten werden, wenn Ausbildung und Weiterqualifizierung der Physiker dem Rechnung trägt (das ist gerade das Verfahren, was die Japaner betreiben!). Meines Erachtens müßten die jungen Physiker beizeiten daran gewöhnt werden, mit dem Weltfundus zu arbeiten, und in geeigneten Vorlesungen von den bedeutendsten Fachvertretern erklärt bekommen, wo eigentlich die Physik heute steht. Ich glaube, daß die große Vorlesung und der Kurs der theoretischen Physik hierbei eine bedeutende Rolle spielen können. Es ist mehrfach darauf hingewiesen worden, daß das Spektrum der physikalischen Aktivitäten an den Universitäten und Hochschulen aus Gründen der potentiellen Nutzung des Weltfundus eine genügende Breite haben muß, und wir sehen, daß an unseren Hochschulen, etwa seit dem VIII. Parteitag, das tatsächlich praktiziert wird.

Die Priorität der A-Probleme verlangt auch, daß in ausreichendem Umfang die leistungsfähigsten Studenten und jungen Wissenschaftler an Probleme gesetzt werden, die zu dieser Gruppe gehören. Sie müssen eine angemessene gesellschaftliche Anerkennung, entsprechende Bedingungen in sozialer und arbeitsmäßiger Hinsicht finden. Dazu gehört auch eine die Attraktivität solcher Aufgaben fördernde Kennzeichnung. Das in der Klasse Physik erarbeitete ABC-Konzept und die Beilegung des Prädikats „fundamental" für Gebiete wie Mikroelektronik, Fusion, schnelle Brüter kommt solchen Bestrebungen entgegen. Arbeiten an A-Problemen führen erfahrungsgemäß häufig zu schnellen Erfolgserlebnissen für die jungen Wissenschaftler, was sehr wichtig ist, da davon die Weiterentwicklung der produktiven Tätigkeit und der Risikobereitschaft stark abhängt. Enttäuschungen in dieser Hinsicht in jungen Jahren fördern das Eingehen in das wissenschaftliche Berufsbeamtentum.

Es ist zutreffend gesagt worden, daß die Zugänglichkeit des Weltfundus von eigenen Beiträgen abhängt. Zweifellos haben Beiträge zu A-Problemen, die echte Fortschritte darstellen, einen hohen Stellenwert im Weltfundus!

Es gibt keinen Zweig der Physik, auch nicht im Bereich der B- und C-Probleme, wo nicht in irgendeiner Form, vor allem im technischen Teil der Realisierung der Aufgaben, wertvolle, für unsere industrielle Entwicklung nutzbare Erfahrungen und Kenntnisse anfallen. Um sie wirksam werden zu lassen, ist natürlich ein angemessen hohes wissenschaftliches Niveau bei unseren industriellen Partnern erforderlich, was sich ja zunehmend positiv entwickelt. Aber auch die Einstellung der an B- und C-Problemen tätigen Physiker muß darauf zukommen, beiderseitig orientiert zu sein. Es beeinträchtigt keineswegs den Erfolg bei der Bearbeitung von B- und C-Themen, wenn die Wissenschaftler sich auch über die multivalente Nutzung ihrer Erfahrungen und Fähigkeiten Gedanken machen. Der Dialog zwischen unserer Industrie, unseren Kombinaten und den Forschungsinstituten, der entwikkelt werden muß, um alle unsere wissenschaftlichen Potenzen auszunützen, bedarf einer liebevollen und verständnisvollen Pflege durch die Leitungen.

5. Das Problem der gesellschaftlichen Wirksamkeit der Physik. Zusammenfassung I

Es seien einige orientierende Regeln aus Physik und Technik genannt. Aus der ABC-Problematik[1]) kann man abgekürzt einige Thesen herausgreifen:

1. Wir brauchen nicht zahlreichere richtige Ergebnisse, wir brauchen mehr gesellschaftlich genutzte und schneller genutzte Ergebnisse auf höchstem Niveau.

---

[1]) A-Problematik: Beiträge für die Technik und Produktion, die die gesamtgesellschaftliche Entwicklung stark beeinflussen, z. B. Probleme der Energieerzeugung auf konventioneller und nichtkonventioneller Basis; Automation ausgewählter Prozesse; Gewinnung, Speicherung, Transport und Verarbeitung von Informationen; Herstellung von Werkstoffen mit „beliebig" vorgegebenen Eigenschaften.
B-Problematik: Beiträge, die die Entwicklung anderer Wissenschaftsdisziplinen beeinflussen oder zur Neuentwicklung solcher beitragen, z. B. Wechselbeziehungen zwischen Physik und Chemie, Physik und Biologie.
C-Problematik: Beiträge zu internen Problemen der Physik, solche, die nicht auf tiefer liegende Erkenntnisse zurückgeführt werden können, z. B. Probleme der allgemeinen Relativitätstheorie; Probleme der statistischen Physik.

2. Die gesellschaftliche Wirksamkeit wird nicht durch Detailforschungsergebnisse höchster Perfektion sichergestellt, sondern wegen der *enormen Komplexität* aller bedeutungsvollen wissenschaftlich-technischen Aufgaben durch ein wohl ausgewogenes Ausmaß von Beiträgen, jeder auf dem angemessenen und erforderlichen Niveau, aber im ganzen mit einer Aufwandseffektrelation, die gesellschaftlich vertretbar ist. (Nutzung des Weltfundus!)
3. Die Herstellung der gesellschaftlichen Wirksamkeit wird zunehmend aufwendiger, wenn sie mit dem Aufbau neuer Systeme zusammenhängt. Mit gesellschaftlich erträglichem Aufwand ist sie nur in bestehenden Systemen möglich (das japanische Rezept ist: Innovationen nur in logischem Anschluß an vollzogene Innovationen). Es gilt die Relation 1:10:100—1000.
4. Große Aufgaben, wie schnelle Brüter oder Fusion, werden neue Dimensionen der Kooperation und der gesellschaftlichen Betrachtung notwendig machen.
5. Alle modernen technischen Aufgaben haben einen hohen Komplexitätsgrad und erfordern deshalb die Beachtung der strategischen Situation, von der die Zugänglichkeit das Weltfundus abhängt. Ist der Weltfundus nicht zugänglich, müssen die erforderlichen Kooperationsbeiträge mit großem Aufwand selbst erarbeitet werden.
6. Die Organisationsform muß der Aufgabe entsprechend gewählt werden. Mit einer Standardorganisation zu arbeiten, ist meistens nicht genügend wirksam und unökonomisch.
7. Die Größe der Industriekomplexe unter einheitlicher Leitung muß sich nach dem erforderlichen Kooperationsumfang und der Losgröße richten.

6. Wissenschaftliche Wahrheit und Technologie

Die moderne Wissenschaft ist gekennzeichnet durch ein außerordentliches Wachstum der experimentell-technischen und mathematischen Forschungsmethoden. Dadurch entsteht die Möglichkeit, ungeheuer viele Daten zu sammeln und mathematisch zu verarbeiten. Diese Tendenz führt zu einer wachsenden Spezialisierung und Dezentralisierung der Wissenschaft, auch der klassischen Disziplinen Mathematik, Physik, Chemie, Biologie, wodurch die Zahl der spektakulären Einzelergebnisse sich täglich erhöht, *ihr Zusammenhang im System der Wissenschaft aber immer schwerer ver-*

ständlich wird. Auch was ein richtiges Ergebnis ist, können immer weniger Experten beurteilen.[1]) Darum ist es wesentlich, daß es zu einer Nutzung in der Sphäre der materiellen Produktion kommt, da dann das Wahrheitskriterium von F. ENGELS zum Tragen kommt. Der Wissenschaft abträglich ist das Entstehen von Fachsprachen, die zur esoterischen Abkapselung von Gruppen von Wissenschaftlern führen. Eine für die harmonische Entwicklung der Wissenschaft zuträgliche *breite* wissenschaftliche öffentliche Meinung wird dann immer weniger möglich und darum auch eine zutreffende Beurteilung des Wertes eines wissenschaftlichen Ergebnisses. Die Technologie, die eine Nutzung der Aussagen der Physik ermöglicht, dient damit zugleich auch der Wahrheitsfindung.

Die enorme Leistungsfähigkeit der Forschungsmethodik überträgt sich aus dem Labor in die Entwicklungs- und Produktionsstätten der Industrie und führt, wie oben gezeigt wurde, zum Aufblühen neuer Technologien, die die Befriedigung neu entstehender Bedürfnisse des einzelnen und der Gesellschaft führen können. Deren Nutzen oder Schädlichkeit aber ist nicht von vornherein erkennbar und impliziert selbst wieder viele Probleme.

Neue Technologien erfordern eine komplexe Nutzung vieler Gebiete von Naturwissenschaft und Technik. Ein Beispiel sind die energiesparenden Natriumlampen, die wohl jeder mit ihrem angenehmen gelben Licht auf den Ausfallstraßen und an Kreuzungen kennt. Die Plasmaphysik der Natriumentladung mit entsprechendem Grundgas ist lange bekannt und publiziert. Was die Einführung in ausreichenden Stückzahlen erschwert, ist die Beschaffung der transparenten Keramik auf Korundbasis, der Stromdurchführung und der Kathode, die seltene Metalle erfordern.

So ergibt sich die eigenartige Situation, daß der Flaschenhals bei der Nutzung wissenschaftlicher Ergebnisse häufig nicht etwa die fachlichen, disziplinären Kenntnisse sind, sondern eigentlich Dinge, die man zunächst bei *oberflächlicher Betrachtung als Hilfsstoffe bzw. Hilfsprobleme* abzuqualifizieren bereit wäre.[2]) Leider hat sich diese völlig verkehrte Rangordnung bis in die planmethodische Behandlung der Aufgaben fortgesetzt. Ich möchte die Reihe der

---

[1]) Für die Beurteilung von Theorien sprach A. EINSTEIN (Briefwechsel mit M. BORN) von „Auguren", die beurteilen, was eine „richtige" Theorie ist!

[2]) Das gilt auch für die großen Aufgaben, z. B. Fusion oder schnelle Brüter!

Beispiele, die man hierfür anführen könnte, nicht fortsetzen, möchte nur unterstreichen, daß diese Spezialsubstanzen und der Anlagen- und Apparatebau, von dem ein Teil heute unter dem Begriff Rationalisierungsmittelbau in den Kombinaten erfaßt wird, das vordringlichste Problem ist, was wir lösen müssen, wenn wir den großen Fundus naturwissenschaftlich-technischer Kenntnisse, der in der Welt, aber auch bei uns vorhanden ist, für unsere gesellschaftliche Entwicklung nutzen wollen.

Es kommt nicht darauf an, immer mehr wissenschaftliche Ergebnisse zu produzieren, sondern solche, *die gesellschaftlich genutzt werden, d. h. mit möglichst gesichertem und hohem Nutzen für die Gesellschaft.* Die Ermittlung der *Nützlichkeit ist selbst ein wissenschaftliches Problem* ersten Ranges. Wenn wir davon sprechen, daß wir keinen abstrakten Fortschritt haben wollen, sondern konkrete Leistungen zum Wohle der Menschen, dann gilt das auch für die Wissenschaft, wobei es natürlich viel komplizierter ist, diesen Gedanken bis ins einzelne zu verfolgen.

Alle gesellschaftsrelevanten wissenschaftlich-technischen Probleme haben hohen Komplexitätscharakter, umfassen viele Disziplinen aus Natur- und Gesellschaftswissenschaften. Die Komplexität solcher modernen Probleme wurde zunächst entdeckt von Edison vor ca. 100 Jahren an seinem System der elektrischen Beleuchtung. An diesem sind wohl alle typischen Züge moderner wissenschaftlich-technischer Aufgaben zu sehen. In unserem Jahrhundert hat die Entwicklung der Nutzung der Kernenergie, zunächst für die Atombombe, neue Maßstäbe für die Bewältigung einer außerordentlich komplexen wissenschaftlich-technischen Aufgabenstellung geliefert, die für viele andere moderne Vorhaben Modellcharakter gehabt hat, so für die Raumfahrt. Auch die Mikroelektronik gehört dazu und die friedliche Nutzung der Kernenergie.

7. Die gesellschaftliche Wirksamkeit der physikalischen Forschung

Die Physik ist eine bedeutende naturwissenschaftliche Grunddisziplin, ebenso wie Mathematik, Chemie und Biologie. Jede dieser Grunddisziplinen ist für einen bestimmten Aspekt der Wirklichkeit zuständig, und dementsprechend haben sie ihr zweckmäßiges Begriffsinventar entwickelt. Die Grunddisziplinen sind nicht aufeinander reduzierbar und können sich nicht ersetzen. Nur das Vorgehen bei der Begriffsbildung und die Nutzung von Erfahrungen, um zu quantifizierten Angaben, die auch eine mathematische Behandlung ermöglichen, zu kommen, kann gemeinsam sein. Hier ist die Physik berufen, für alle naturwissenschaftlichen und technischen Disziplinen Vorlauf- und Pioniercharakter zu haben.

Die gesellschaftliche Wirksamkeit der Physik ist nicht auf die Sphäre der materiellen Produktion beschränkt, sondern erfolgt auf verschiedenen Ebenen und in verschiedenen Formen:

- Weiterentwicklung der materialistischen Weltauffassung im Sinne der Bemerkung von LENIN: „Die moderne Physik wird den dialektischen Materialismus gebären";
- die Physik als allgemeines Bildungselement im Sinne einer wissenschaftlichen Weltauffassung;
- die physikalische Begriffsbildung bahnt die Quantifizierung qualitativer Wissenschaften an, sowohl systematischer wie auch technologischer;
- physikalische Begriffsbildung plus Meßgeräte ermöglichen die Anwendung von Mathematik;
- die theoretische Physik kann als Modell für die theoretisch-mathematische Behandlung anderer Wissensgebiete dienen;
- gesellschaftlich von außerordentlichem Gewicht sind Beiträge der Physik für die Technik (A-Probleme), wie Energie, Kommunikation, Information, Werkstoffe.

Der erfolgreiche Zuwachs an Nationaleinkommen wird immer stärker durch die Ergebnisse von Wissenschaft und Technik beeinflußt. Der Physik kommt dabei eine Schlüsselrolle zu, denn die produktivitätsfördernde moderne Elektronik und der wissenschaftliche Gerätebau gehören zur „physikalischen Industrie".

Wir dürfen jedoch nicht übersehen, daß die überdurchschnittliche Förderung von Wissenschaft und Technik nur dann gerechtfertigt ist, wenn ihre Ergebnisse angemessenen ökonomischen Ertrag liefern. Dieser ökonomische Ertrag erfordert oft neue Ergebnisse in Produkte umzusetzen und diese dann wirtschaftlich erfolgreich einzuführen, national und international. Dieser Prozeß, im allgemeinen als Innovationsphase beschrieben, hat eine Schlüsselrolle im gegenwärtigen Ringen um höhere Arbeitsproduktivität.

Es gibt zahlreiche Stimmen, und ich schließe mich ihnen an, die darauf hinweisen: Forschung führt nicht unbedingt unmittelbar zur Innovation. Forschungsförderung ist nicht automatisch volkswirtschaftlich nützlich. So ist es verhältnismäßig einfach, in gut ausgestatteten Laboratorien Entdeckungen und Erfindungen zu machen; aber eine ganz andere Sache ist es, diese zur gesellschaftlichen Auswirkung, zum wirtschaftlichen Erfolg zu führen.[1]) (Ich möchte hier nur an Wankelmotor und Bildtelefon erinnern, technisch beides sehr reizvolle Projekte, die kaum eingeführt werden.) Kann man Irrwege rechtzeitig erkennen, da es sich ja im allgemeinen um sehr komplexe Sachverhalte mit teilweise gegenläufigen Tendenzen handelt? Man kann es, wenn man frühzeitig die Randbedingungen für wissenschaftlich-technische Arbeit absteckt und die gesellschaftlichen Auswirkungen, insbesondere den Nutzen zu erfassen sich bemüht.[2])

Aus dem oben Gesagten geht doch hervor, daß die Verbesserung der traditionellen Systeme große Möglichkeiten für eine gesellschaftliche Wirksamkeit wissenschaftlicher Ergebnisse birgt. Der Erfolg der Einführung der Mikroprozessoren kommt daher, daß sie ihre Wirkung in bestehenden Systemen von Büromaschinen, Werkzeugmaschinen, Autos, Konsumgütern bis zu Kraftwerken entfalten können und darüber hinaus neue Zweige von Wissenschaft und Technologie erschließen.

8. Merkmale der modernen Technik und die Physik. Zusammenfassung II

Die Physik ist in vielfältiger Weise an Gestalt und Niveau der modernen Technik beteiligt. Einige Erfahrungen lassen sich kurz zusammenfassen.

Die Erzeugnisse der modernen Technik dienen individuellen oder gesellschaftlichen Zwecken. In beiden Fällen muß ihr „Gebrauchswert" in einem angemessenen Verhältnis zum Gesamtaufwand zu ihrer Erstellung stehen, wobei der Gesamtaufwand den für den wissenschaftlichen Vorlauf, Versuchsmuster, Pilotanlagen u. a. mit enthalten muß. Häufig sind sie in Einzelexemplaren gesellschaftlich nicht interessant, sondern nur in ausreichend großen Stückzahlen (kritische Anzahl von Autos, Fernsprech- oder Fernsehteilnehmern und dergleichen mehr).[3])

---

[1]) Vgl. S. Schiller, Einheit 1/1982.

[2]) So sollte m. E. der Hinweis aufgefaßt werden, daß der gesellschaftliche Effekt am Reißbrett und im Laboratorium entschieden wird.

[3]) Es gibt interessante Ausnahmen im Bereich der wissenschaftlichen Geräte und Anlagen und der Sondermaterialien. S. hierzu S. Schiller, Einheit 1/1982.

Zu ihrer Realisierung werden meist umfangreiche gesellschaftliche Mittel (Leistungen) benötigt, wovon in der Zeiteinheit (Monat, Jahr, Fünfjahrplan) nur eine begrenzte Menge zur Verfügung steht. Es ist deshalb auch eine Frage der Zeit, wann sich die Gesellschaft den Aufbau neuer Industriezweige, z. B. der Mikroelektronik mit zahlreichen qualitativ neuen physikalischen Technologien, wie der Mikrolithographie und der Ionenstrahltechnologien, leisten kann!

Da die Erzeugnisse der modernen Technik mit gewissen Ausnahmen (in Sport, Repräsentation, Kunst) nicht Selbstzweck sind, sondern zur Befriedigung legitimer (oder manipulierter) Bedürfnisse des einzelnen und der Gesellschaft dienen, wobei diese Funktion nicht voraussetzungslos erfüllbar, sondern an die Existenz eines angemessenen technischen Umfeldes (System) gebunden ist, ist ein Vergleich des Standes der Technik, gemessen an den Erzeugnissen, nicht einfach und setzt große Erfahrungen voraus. Wenn es sich um den Absatz technischer Erzeugnisse auf dem sogenannten Weltmarkt handelt, so wird ein objektiver Vergleich erschwert durch die permanente Manipulierung des Marktes durch den Konkurrenzkampf in der kapitalistischen Welt.

Die moderne Technik erreicht ihre Ziele

- durch hohe Organisationsfähigkeit der komplexen Aufgaben, bei der in der Regel die Zahl der Kooperationsbeiträge zwischen 10 und 1000 ist;
- durch Entwicklung und Beherrschung leistungsfähiger Basistechnologien vielfältigster Anwendbarkeit, wie Schweißen, elektrolytische Oberflächenbehandlung, Beschichtung, Umformtechniken, Temperaturbehandlung;
- durch Aufgliederung des Gesamterzeugnisses in technologisch vorteilhaft behandelbare Bauteile und Bauelemente, die erst einen hohen Koordinationsgrad ermöglichen;
- durch Einsatz mechanisierter bis automatisierter Bearbeitungs-, Montage- und Transportmittel (Roboter);
- durch komplexe Einspeisung geeigneter Beiträge der Grunddisziplinen Mathematik, Physik, Chemie, Biologie, Gesellschaftswissenschaften usw. und Rückführung neuer fundamentaler Probleme in diese;
- durch quantitative programmierbare, speicherbare Steuerung des Herstellungsprozesses einschließlich der Konstruktion.

Die moderne Technik schöpft hierbei, wie bereits gesagt, aus dem *Weltfundus* der wissenschaftlichen Ergebnisse und Forschungsmethoden, der aus diesen entstandenen betriebstechnologischen Erfahrungen und Einrichtungen und einer differenzierten, die lokalen Bedingungen berücksichtigenden Erforschung der Gebrauchseigenschaften. Dieser enorme Weltfundus wirkt wie eine Pufferbatterie an einem Gleichstromnetz und gibt der Grundlagenforschung in gewissem gesellschaftlich zumutbarem und sinnvollem Umfang freie Hand für weitere Erkundung des Neulandes. Auf der anderen Seite reduziert der Fundus die Notwendigkeit umfangreicher, aufwendiger erzeugnisspezifischer Aufwendungen für Grundlagenforschung.

Bei Anlegen angemessener Maßstäbe für die Relation Aufwand/Effekt beherrscht die Grundlagenforschung in ihrer heutigen Gestalt in Physik, Biologie, Chemie, Mathematik weitgehend all das, was für das tägliche Leben des einzelnen und der Gesellschaft gebraucht wird. Die Konkrete Nutzung der Potenzen, die die Wissenschaft aufgedeckt hat, ist deshalb *weitgehend eine Frage der materiellen Leistungsfähigkeit der Gesellschaft* und führt bekanntlich in der Welt des Imperialismus dazu, daß die hochentwickelten reichen Länder immer reicher und die armen Länder immer ärmer werden. Es muß Aufgabe des Sozialismus sein, für ein proportioniertes harmonisches Vorgehen zu sorgen, weil darin ein sehr starkes Element der Stabilität der gesellschaftlichen Entwicklung in der Welt enthalten ist.

9. Wahrung der Physik als Einheit in Forschung und Lehre

Die Einheit der Physik ist nicht als Summe ihrer Teilgebiete aufzufassen, sondern wird bewirkt durch einen Kern von Erkenntnissen universeller Gültigkeit, von theoretischen, mathematischen und experimentellen Methoden vielfältiger Anwendbarkeit und von multivalent nutzbaren Forschungstechnologien und -geräten. Der Zusammenhang mit den Gebieten, aus denen ursprünglich Leistungen kamen, geht meistens nach einiger Zeit verloren und hat dann keine Bedeutung mehr. Die Notwendigkeit der Wahrung der Physik als Einheit bedeutet nicht, daß die Physik gleichzeitig und gleich stark in allen ihren Teildisziplinen betrieben werden muß. Dies ist von ganz entscheidender Bedeutung für die „Lehrbarkeit“ der Physik an Hochschulen, aber auch an allgemeinbildenden Schulen. Wäre die Einheit der Physik nur als Summe ihrer Teile zu verstehen, dann wäre der Unterricht der enormen Stofffülle wegen fast unmöglich und müßte ausschließlich Sache von Spezialisten bleiben. Da aber die Physik in ihrem aktiven, produktiven Kern aus relativ wenigen Kenntnissen fundamentaler Art mit relativ gar nicht zu zahlreichen theoretisch-mathematischen und experimentellen Methoden besteht, kann das LENINsche Wort „Lieber weniger (Stoff), dafür besser (gründlicher, tiefer)" sinngemäß auch für den Physikunterricht gelten. Von besonderer Bedeutung ist hierbei, daß die Forschungsmethoden der Physik dialektisch-materialistische Zügen haben, die bei bewußter Anwendung ein extrem hohes Ausmaß an Lehrbarkeit und Überzeugungskraft enthalten. Der Satz LENINS „Die moderne Physik wird den dialektischen Materialismus gebären" sollte nicht vergessen werden. Natürlich sind charakterliche Voraussetzungen ebenfalls von großem Wert. Ohne Fleiß keinen Preis.

Entwicklungstendenzen der Wissenschaft, insbesondere auch der Physik, sind in den letzten 20 Jahren mehrfach ausführlich dargestellt worden, wobei die disziplinäre Entwicklung im Vordergrund stand und die zahlreichen Anwendungen mehr „am Rande" behandelt wurden. In den letzten 50 Jahren (etwa seit 1930) ist die Physik in erster Linie in die Breite gegangen, wie bereits oben angedeutet. Die damals schon erarbeiteten Grundlagen der relativistischen, der Quantenphysik und der statistischen Physik erwiesen sich als erstaunlich aussagekräftig in einem enorm weiten Bereich der physikalischen Parameter, räumlich wie zeitlich (von atomaren bis zu kosmischen Dimensionen).

Die offenen Fragen, die bereits damals von den Schöpfern der modernen Physik PLANCK, EINSTEIN, BOHR erkannt worden waren, blieben aber weiter offen und sind es größtenteils auch heute noch. Das sind die Probleme der Elementarkonstanten c, h, e, m, M und der Gravitationskonstante f, die in die Theorien eingehen. Es ist natürlich, daß diese keine Aussagen über die Elementarkonstanten machen können.[1])

Die Zurückführung allen Geschehens auf die von NEWTON gefundenen Begriffe zur Kennzeichnung von Bewegung und Wechselwirkung haben sich als allgemein und sogar bisher als allein praktikabel herausgestellt (Mechanik bis Quantenfeldtheorie). Aber schon bei der Behandlung der Probleme der Gravitation, wie sie

---

[1]) S. R. ROMPE und H.-J. TREDER: „Über Physik", Akademie-Verlag, Berlin 1979.

der allgemeinen Relativitätstheorie A. EINSTEINS zugrunde liegen, war man darauf gekommen (POINCARÉ), daß man immer die Summe von Geometrie und Wechselwirkung faßt. Hier stellt sich erstmals eine enge Verzahnung von Physik und Mathematik heraus, die in der Natur der Sache liegt. Auf diesem Gebiet sind seit jener Zeit neue Gesichtspunkte nicht zutage getreten.

Wir sind seit dem „BOHRschen Atommodell" gewohnt, quantenhaftes Verhalten bei atomaren Systemen zu akzeptieren. Nun stellt sich heraus, daß im Tieftemperaturbereich bei bestimmten Anordnungen — den sogenannten JOSEPHSON-Kontakten — ein makroskopisches Gebilde quantenhafte Erscheinungen zeigen kann den Wechselstrom-JOSEPHSON-Effekt. Diese Feststellung ist von einer enormen prinzipiellen Bedeutung, ein fundamentales Problem neuer Art.

Um das verständlich zu machen: Zwischen der Wirklichkeit, wie sie durch die klassische Physik erfaßt wird, und der Wirklichkeit, die dem Quantengeschehen zugrunde liegt, gibt es einen bemerkenswerten Unterschied. Vereinfacht dargestellt, kann man sagen, im „klassischen" Fall gelten die Erhaltungssätze, Energie- und Impulssatz *im großen wie im kleinen in jedem Moment.* Im Quantengeschehen *gelten sie nach Maßgabe* der HEISENBERG*schen Ungenauigkeitsrelation*, d. h., je kürzere Zeiten wir ins Auge fassen bzw. je kleinere Raumbereiche, desto stärker können die Abweichungen sein. Nun spielen aber, wie sich herausgestellt hat, diese „*virtuellen*" Zustände, bei denen die Erhaltungssätze nicht scharf gelten, eine entscheidende Rolle für das Geschehen in der Wirklichkeit, was wir aus Messungen feststellen können, z. B. bei der LAMB-Shift, so daß wir also bei Quantengeschehen ein Nebeneinander von aktualem und virtuellem Geschehen annehmen müssen.

Alle unsere Aussagen über das quantenhafte Geschehen im Atomaren stützen sich auf Angaben unserer Meßgeräte, die grundsätzlich makroskopischer Art sind und Daten liefern, die der klassischen, aktualen Wirklichkeit angehören. Bei diesem Prozeß des Übergangs vom virtuellen Geschehen in das aktuale Geschehen, das uns die Meßgeräte liefern, kommen die Wahrscheinlichkeitsgesetze zum Vorschein, wie sie von A. EINSTEIN in seinen Arbeiten von 1917 erstmals zutreffend erfaßt worden sind. Sie gibt es auch in der klassischen Theorie, und zwar in der kinetischen Theorie der Gase, bei Vielteilchenproblemen, bei denen das Geschehen sich in einem Konfigurationsraum abspielt und die Wahrscheinlichkeitsgesetze den Übergang vom Konfigurationsraum in den aktualen Raum in den Meßgeräten für Druck, Temperatur usw. vollziehen.

Hier zeigt sich eine Analogie zu Quantenvorgängen, die wohl erstmals von N. BOHR hervorgehoben wurde.[1])

Der von N. BOHR geschaffene Begriff der Komplementarität, den er mit so großem Erfolg zum Verständnis der Quantenphysik eingeführt hat, besteht also auch zwischen kinetischer Gastheorie und thermodynamischen Größen. Es geht in allen diesen Fällen um die durch die Messung herbeigeführte Reduktion von Freiheitsgraden. In der Quantentheorie ist das wohl erstmals von HEISENBERG mit dem Begriff „Reduktion der Wellenfunktion" ausgesprochen worden.

Wenn ich mich bei diesen Grundfragen so lange aufgehalten habe, so aus folgendem Grunde: Wenn man die Berichterstattung in der Presse ansieht, dann könnte man den Eindruck gewinnen, der *Fortschritt in der Wissenschaft* bestehe vornehmlich in der permanenten Entdeckung *spektakulärer wissenschaftlicher Ereignisse.* Nun wissen wir aber, daß die Geschehnisse in dieser Welt unerhört kompliziert sind — unerschöpflich, wie LENIN das genannt hat. Es ist also kein Wunder, daß bei dieser ungeheuren Reichhaltigkeit überraschende Dinge zum Vorschein kommen. In unserem Alltag sei nur an die Vielfalt der Eisblumen, der Wirbelbildung, der Vorgänge bei Blitzentladungen erinnert, um nicht zu vergessen, wie ungeheuer kompliziert die Natur ist, in welcher hoffnungslos vermischten Form die Naturgesetze in der Wirklichkeit manifest werden. Das Wunder ist doch nicht in den spektakulären Dingen zu sehen — worauf H.-J. TREDER vom Standpunkt der Astrophysik mehrfach hingewiesen hat —, sondern in der universellen Gültigkeit unserer im Labor und am Schreibtisch aufgefundenen physikalischen Gesetze.

Zu diesen wunderbar einfachen universell gültigen Gesetzen ist die Physik gekommen durch Untersuchung von „sauberen" Bedingungen, d. h. von solchen, bei denen die Komplexität der Wirklichkeit durch spezielle technische Ausgestaltung des Versuchs auf Grund theoretischer Vorausschau sinnvoll vereinfacht wird. Die technologische Fähigkeit der Menschen, die „außerwissenschaftlich", empirisch-intuitiv nach dem bekannten Vorgehen von Versuch und Irrtum geschaffen wurde, ist die Voraussetzung für die exakte Wissenschaft mit ihren universellen Gesetzen. Allerdings spielt dabei die Theorienbildung, die schöpferischen Ge-

---

[1]) S. R. ROMPE und H.-J. TREDER: „Über die Einheit der exakten Wissenschaften", Akademie-Verlag, Berlin 1982.

danken über die Wirklichkeit, eine entscheidende Rolle. Auf diesen Zusammenhang hat K. Fuchs mehrfach hingewiesen.

Wir können sagen, ohne zu übertreiben, daß ohne die Technologie des Ziehens von Kupferdrähten Oersted seinen Versuch der Ablenkung der Magnetnadel durch Strom nicht hätte machen können, Faraday nicht seine Induktionsversuche, Siemens sein Dynamoprinzip nicht hätten finden können.

In dieser Hinsicht ist die Physik eine Wissenschaft der Artefakte, sie untersucht Dinge und Vorgänge, die es in dieser reinen Form in der Natur nicht gibt.

10. Zu einigen aktuellen Fragen aus dem Zuständigkeitsbereich der Physik. Sicherheit großer Anlagen, Kernenergie, Elektronik/Mikroelektronik

Seit die Dampfmaschine sich durchgesetzt hat, sind genügend Erfahrungen gesammelt worden, wie man mit einer nützlichen, ja sogar gesellschaftlich unersetzlichen, nicht ganz ungefährlichen Technik umzugehen hat. In der ersten Zeit gab es bei Lokomotiven und bei Schiffen Kesselexplosionen mit tragischen Folgen für Menschenleben und mit Materialverlusten. Später ließ das nach. Im alten Preußen wurde z. B. ein Dampfkesselüberwachungsverein gegründet, der zweifellos dazu beigetragen hat, daß es heute äußerst selten vorkommt, daß ein Kessel platzt. Obgleich die Dampferzeugungsanlagen von heute sehr groß und auch kompliziert sind, wie etwa die für unsere Wärmekraftwerke, die 250 MW hergeben, für die bei uns üblichen 500-MW-Turbinen je 2 Stück. Es wäre kaum vorstellbar, was passieren würde, wenn eine solche Anlage explodieren würde. Der Grund für diese Entwicklung zur Beherrschung großer Anlagen liegt in der Klärung physikalischer Zusammenhänge. Nach den Grundgesetzen der Physik kommt eine Havarie an einem Dampfkessel niemals „aus heiterem Himmel", wenn die Anlage unter ständiger sachkundiger Beobachtung steht. Wenn man die Anlage kennt, ist es nicht schwer, das Zu-Bruch-Gehen besonders beanspruchter Teile kommen zu sehen und diese rechtzeitig auszuwechseln.[1]) Jeder, der Auto fährt, kennt das. Autoverkehr, Flugverkehr, schnellfahrende Eisenbahnen würden

[1]) Zu Schiffskollisionen bei vorhandenen elektronischen Kollisionsschutzgeräten wurde von einem Seegericht entschieden, daß neben den elektronischen Mitteln die klassische Beobachtung („Ausguck") anzuwenden sei. (Fall „Stockholm" und „Andrea Doria"!)

ohne diese elementare Zuverlässigkeitsphilosophie nicht betrieben werden können. Beim Flugbetrieb rechnet man eine Havarie auf 10 Millionen Starts bzw. Landungen. Allerdings ist bekanntlich der Aufwand, der dafür in Kauf genommen wird, auch recht groß. Noch größer ist die Zuverlässigkeitsanforderung an Weltraumflugkörper. Man hat die Zuverlässigkeit dieser auf die etwa 13000 Teile eines Autos umgerechnet. Ein solches nach den Maßstäben der Weltraumfahrt konstruiertes Auto würde 10 Jahre ohne Reparatur laufen, aber mehr als das Zehnfache, möglicherweise das Hundertfache eines normalen Autos kosten.

Natürlich nützt das beste Auto nichts, wenn man damit gegen einen Baum fährt. Aber die Ausschaltung menschlicher Quellen von Havarien ist ja ein Teil der Gesamtproblematik, der schon lange erkannt ist. Ich denke an die Auswahlkriterien für Lokomotivführer oder Kapitäne, an die zweckmäßige zeitliche Begrenzung der „Wache". Ich möchte mich zu der Frage von menschlichen Fehlleistungen hier nicht äußern, es gehört ja nicht unmittelbar zum Thema.

Mir liegt daran, zu zeigen, daß wir mit der Zeit gelernt haben, anspruchsvolle technische Anlagen, wie Brücken, Staudämme, chemische Großanlagen, betriebssicher zu betreiben. Wer spricht heute noch von den tragischen Unfällen der chemischen Großindustrie in den 20er bzw. 30er Jahren in Ludwigshafen, Oppau, Hamburg? Es muß aber auch gesagt werden, daß der Konkurrenzkampf im NSW aus Gründen des Maximalprofits zu einem leichtfertigen Umgehen mit den in allen Industriestaaten vorhandenen Sicherheitsvorschriften verführt. Man denke nur an die Leichtfertigkeit bei der Deponie chemischer Produkte.

Der „Rat für energetische Grundlagenforschung der Akademie der Wissenschaften der DDR", unter Vorsitz von K. Fuchs, hat eine Expertise zur Sicherheit von Kernkraftwerken erarbeitet, die außerordentlich interessant die für diese Energiequelle der Zukunft erforderliche Sicherheitsproblematik behandelt. Wir müssen bedenken, daß hier eine spezielle Situation vorliegt und wir berücksichtigen müssen, daß

- der verständliche Schock und die nachwirkende Schrecksituation auf die Bomben von Hiroshima und Nagasaki fortwirken,
- die spezifischen Formen der Schädigung durch harte Strahlung in allen Industriestaaten durch Sicherheitsbestimmungen Beachtung finden, die aber leider aus verschiedenen Gründen nicht immer rigoros beachtet werden.

Man kann heute mit großer Sicherheit sagen, daß eine technische Kernanlage sich niemals wie eine Atombombe verhalten würde. Denn bei dieser wird die Explosion durch einen Zünder ausgelöst. Ohne den Zünder würde das Brennmaterial nur heiß werden und verdampfen, allenfalls eine Dampfkesselexplosion auslösen. Vor allem aber besitzen wir begründete Erkenntnisse darüber, daß die automatisierte sicherheitstechnische Überwachung und Regelung solcher komplizierter Systeme machbar ist.

Ich habe bei diesem Problem so lange verweilt, weil die Zukunft der Menschheit nach unserer Meinung ohne eine weitgehende Nutzung der Kernenergie nicht vorstellbar ist. Womit natürlich nicht gesagt ist, daß in allen Ländern die Errichtung von Kernkraftwerken die gleiche Dringlichkeit besitzt. In der BRD z. B. sind 75000 MW Kraftwerksleistung installiert, wobei die Anlagen jährlich im Durchschnitt nur 4000 Stunden in Betrieb sind (weniger als 50% der Zeit). Bei diesem Überhang an angebotener Elektroenergie braucht man sich mit der Einrichtung von Kernkraftwerken nicht zu beeilen, insbesondere, wenn man so viel Kohlevorräte hat. In Frankreich oder bei uns in der DDR ist die Situation ganz anders. Wir haben 16000 MW Kraftwerksleistung, und das ist, gerechnet auf den Kopf der Bevölkerung, doch erheblich weniger. Für uns ist die zügige Errichtung von Kernkraftwerken im Rahmen der im RGW geschaffenen Möglichkeiten eine Frage der weiteren Steigerung unserer Produktivität. Nicht nur Waschmaschinen und Haushaltkühlschränke verbrauchen in wachsendem Umfange Strom. Viel mehr erfordert die weitere Steigerung unseres Produktionsvolumens eine entsprechend proportionale Elektroenergieversorgung. Dies gilt zumindest langfristig, weil das Einsparungspotential aus der rationellen Energieanwendung begrenzt ist und Sättigungscharakter besitzt.

Die Energieeinsparung demonstriert sehr schön die große allgemeine Bedeutung physikalischer Denkweise und Meßmethoden zur Optimierung des gesellschaftlichen Verhaltens. Wieviel Brennstoffkosten könnten gespart werden, wenn die Heizungsanlagen für Wohnungen und öffentliche Gebäude entsprechend der Außentemperatur betrieben werden würden? Dazu gehört bei großen Komplexen eine Meßtechnik, die mit einer (automatisch funktionierenden) Regeltechnik verbunden ist, bei Einzelöfen Handregelung. Ein Blick auf das Thermometer bzw. den Wetterbericht um 19.30 Uhr im Fernsehen würde einen Hinweis geben, wie die Heizungsanlage zur Aufrechterhaltung einer angemessenen Innentemperatur zu betreiben wäre. Wir sind offenbar trotz 10-Klassen-

Schule und Physikunterricht von einem solchen physikalischen Verhalten ziemlich weit entfernt. Es wird gesagt, daß die Menge der bestellten Kohlen verheizt wird — wenn es außen kalt ist, ist die Stube etwas kälter, wenn es warm ist, ist sie etwas wärmer. Die Anwendung elementarer physikalischer Meßvorgänge ist ein wesentlicher Teil des Prozesses der wissenschaftlichen Durchdringung des Alltags im Sozialismus (nach LENIN).

Ein physikalisch ernst zu nehmendes Problem ist die Wärmeisolation. Die Thermovisionsgeräte erlauben, mit einem Blick einem beheizten Gebäude anzusehen, wo die kostbare Wärme entweicht. Dabei werden mangelhafte Ausführungen bei der Errichtung des Gebäudes in erschreckender Weise sichtbar. Ein bedeutendes Problem ist die Nutzung der Abwärme von Kraftwerken, die z. T. durch Gewächshäuser, Warmwasser-Fischaufzucht, schon mehrfach in Betrieb ist. Besonderes Interesse verdient die Vergrößerung der Reichweite für die Fortleitung von Niederdrucktemperaturwärme aus der Abwärme von Kraftwerken. Wir rechnen in der DDR z. Z. mit etwa 15 km. Es wird berichtet, daß in der Sowjetunion bereits von 40 km gesprochen wird. International werden offenbar schon Strecken mit 100 km Übertragung in Angriff genommen. Als Wärmedämmittel ist Polyurethanschaum besonders geeignet, aber teuer; Schlackenwolle ist billiger. Es ist zu hoffen, daß die physikalisch-chemische Forschung Wärmedämmstoffe auf anorganischer Basis, ohne Rückgriff auf Erdölprodukte, zu entwickeln versteht, die es in kurzer Zeit erlauben, Fernwärme über 50 oder sogar 100 km zu übertragen. Sie können sich durch einen Blick auf die Karte der DDR und die Lage unserer großen Kraftwerke in der Nähe der Ballungsgebiete der Industrie leicht vorstellen, welchen außerordentlichen Effekt wir dadurch erzielen könnten. (Kombination mit chemischem Speicher verdient Beachtung!)

Ein weiteres bedeutendes Gebiet potentieller Energieeinsparung ist bei der Überleitung und Wandlung von Elektroenergie zu erkennen. Bekanntlich verteilen sich die Kosten für Elektroenergie etwa zu gleichen Teilen auf Erzeugung, Überleitung und Wandlung, so daß also, selbst wenn man den Strom „umsonst" erhielte, der Preis beim Abnehmer doch nur um ca. 30% sinken würde. Diese $^2/_3$ des Strompreises für Überleitung und Wandlung stellen eine große Reserve dar. In diesem Zusammenhang muß besonders erwähnt werden die wirtschaftliche Wandlung von Elektroenergie in Licht. In den letzten Jahren hat hier das Kombinat NARVA in Zusammenarbeit mit der Akademie der Wissenschaften der DDR beachtliche Erfolge zu verzeichnen. Es ist sicher nicht mehr fern, daß auch die Glühlampe im Haushalt durch eine Leuchtstoff-Gasentladungsröhre mit Schraubsockel ersetzt werden kann, die nur ca. $^1/_3$ der Elektroenergie für den gleichen Lichtstrom benötigt.

Wir dürfen nicht vergessen, daß die Versorgung der Haushalte mit Elektroenergie nach Bedarf zur Hauptaufgabe gehört, denn wir müssen die Elektroenergie unseren Menschen zur Verfügung stellen, weil davon ihre Arbeitsfähigkeit abhängt, vor allem die Beteiligung von Frauen am Produktionsprozeß. Die Anforderung an Elektroenergie in den Haushalten hat zwar zeitweilig stark zugenommen, scheint sich aber einer Sättigung zu nähern. Die alten Fernsehgeräte mit Röhren haben viel Strom verbraucht, so daß die transistorisierten Farbfernseher eher weniger Energie benötigen. Aber auch Waschmaschinen, Kühlschränke, Tiefkühltruhen, Haushaltmaschinen werden laufend verbessert, was sehr erheblich hilft, diesen notwendigen Energiebedarf in Grenzen zu halten. Gleichzeitig sind hier interessante Aufgaben für die physikalische Forschung zu erkennen.

Durch Beschlüsse von Partei und Regierung entwickeln wir in der nächsten Zeit unsere Braunkohlenkraftwerke im Sinne einer größeren Intensität weiter und beschäftigen uns mit einer wissenschaftlich fundierten Einsparung von Energie. Ein Weg, der unerläßlich ist für die nächste Zeit. Dennoch dürfen wir den Blick für neue Möglichkeiten auf dem Energiegebiet nicht verschließen. Außer den Druckwasserreaktoren, die heute die Atomkraftwerke beherrschen und deren Zuverlässigkeit durch die Schiffsantriebe in einer ungeheuren Zahl von Betriebsstunden erprobt ist (die Sicherheit dürfte auch so groß sein, wie die oben genannte Zahl beim Flugverkehr), werden in der letzten Dekade unseres Jahrhunderts voraussichtlich neue Formen der Nutzung der Kernenergie in das Stadium technischer Nutzung treten. Es zeichnet sich der Einsatz von Brutreaktoren ab, in weiterer Perspektive von Hochtemperaturreaktoren für chemische Zwecke und schließlich in noch weiterer Ferne die Kernfusion, welche offenbar *eine* globale Lösung des Energieproblems der Menschheit werden kann.

Über das Tempo dieser Entwicklung gibt es sehr optimistische Auslassungen, seit 1956 auf der ersten Konferenz über friedliche Nutzung der Kernenergie Professor Baba die Prognose stellte, daß in etwa 20 Jahren die Fusion gelöst sein würde. Diese optimistische Prognose hat sich nicht erfüllt. Das liegt keineswegs nur am Schwierigkeitsgrad vom Standpunkt der Physik. Alle diese Aufgaben stellen ungeahnte Forderungen an Werkstoffwissenschaft, Meß- und Steuerelektronik, Anlagenbau, Maschinenbau von kleinsten bis größten Dimensionen. Solche Kapazitäten gibt es in der Welt in den hochindustrialisierten Staaten, aber sie sind zum überwiegenden Teil eingespannt in die Rüstungstechnik. Aus diesem Grunde kann die Lösung der ganz großen Energieprobleme nur erfolgen in engster Verbindung mit dem Problem einer effektiven Abrüstung. Erst wenn diese merkliche Erfolge aufweist, wird man die erforderlichen Potentiale für die Energie freimachen können.

11. Physik und Maschinenbau. Abschließende Bemerkungen

Ich habe mich bereits eingangs zu Grundfragen des wissenschaftlich-technischen Fortschritts geäußert, nicht schlechthin, sondern unter den Prämissen des X. Parteitages. Durch dieses Vorgehen werden Spekulationen über im Prinzip wünschbare Erfindungen weitestgehend eingeengt auf real Machbares.

Soll sich der Physiker auch zu grundlegenden Problemen des Maschinenbaues äußern? Ich würde das mit ja beantworten, denn z. B. an der Akademie ist durch die Zusammenarbeit in den Klassen und zwischen ihnen die Möglichkeit gegeben, Vertreter verschiedener Disziplinen zusammenzuführen und damit das „Gartenzaundenken" zu überwinden.

In der Frage der Beziehung der modernen Grundlagenforschung zum Maschinenbau möchte ich auf zwei Beiträge von Horst Weber hinweisen, deren Hauptaussagen ich mich anschließe:

1. Durch die Werkstoffentwicklung wird keine grundlegende Veränderung der technologischen Prozesse des Maschinenbaus in den nächsten Jahrzehnten zu erwarten sein.
2. Die Weiterentwicklung wird also von Intensivierungsfaktoren getragen, ausgedrückt durch
   a) die Verminderung der Prozeßstufen zur Fertigung der Erzeugnisse und
   b) die Erhöhung der Arbeitsgeschwindigkeit, Arbeitsgenauigkeit, Zuverlässigkeit und Lebensdauer sowie Steuerbarkeit der Maschinen und Ausrüstungen.

Im letzten Punkt wird besonders der hohe Grad der Verflechtung und Komplexität der modernen Produktion deutlich. So kann der Fortschritt eines Industriezweiges heute entscheidend durch die Entwicklung eines anderen Gebietes mit einer anderen primären Zielstellung bestimmt werden – etwa der Mikroelektronik.

Ähnlich wie bei der Computerentwicklung entsteht durch Kombination zweier unabhängiger Techniken, stark vereinfacht gesagt, zwischen klassischer Werkzeugmaschine und Mikroprozessor, eine neue Qualität; ein gleicher „Qualitätssprung" kann durch den massenweisen Einsatz von Robotern entstehen. Ich abstrahiere so stark, um den Gedanken deutlich zu machen, und nicht etwa, um Probleme der komplexen Automatisierung und bedeutungsarmer Technologien zu verniedlichen. Die leitungsmäßige Beherrschung solcher Prozesse ist selbst eine Kunst. Ich sehe es deshalb als günstig und äußerst weitsichtig an, daß in dieser Abteilung des ZK die beiden Richtungen zusammenlaufen, die für die Weltmarktfähigkeit unserer Produkte so enorm wichtig sind.

Mir liegt daran, abschließend darauf hinzuweisen, wie wichtig für alle technischen Fächer, auch für Medizin und Landwirtschaft, eine *angemessene, qualifizierte Nebenfachausbildung* in Physik ist – aus Gründen der Begriffsbildung, der wissenschaftlichen Zusammenhänge, des Denkens in wichtigen Größenordnungen. Die Überlegenheit der sowjetischen Ingenieure und Mechaniker liegt auch an ihrer exzellenten Ausbildung in Physik.

Die Physik vermittelt allen Gebieten die Meßgeräte, sie sorgt auch für die Konkretheit der Vorstellungen. Wir brauchen die Physik ganz stark, wenn wir komplexe und komplizierte Zielsetzungen des X. Parteitages meistern wollen.

Die Autoren

- erörtern den Stellenwert der Physik im Rahmen der Naturwissenschaften
- behandeln die Begriffe „Zählen“ und „Messen“ aus naturwissenschaftlicher Sicht
- erläutern die Rolle von Meßgeräten in Wissenschaft und Technik
- beantworten die Frage nach einer neuen Etappe in der Entwicklung der Physik

WISSENSCHAFTLICHE TASCHENBÜCHER

FSC
www.fsc.org
MIX
Papier | Fördert gute Waldnutzung
FSC® C083411

Zeitfracht Medien GmbH
Ferdinand-Jühlke-Straße 7
99095 Erfurt, Deutschland
produktsicherheit@kolibri360.de